国家林业和草原局普通高等教育"十四五"规划教材

高等院校园林与风景园林专业系列教材

园林土壤概论

（附数字资源）

徐秋芳　主编

中国林业出版社
China Forestry Publishing House

内 容 简 介

园林土壤概论是研究土壤发生分类和分布、理化和生物性状及利用改良的一门科学。本教材分为12章，分别为绪论，矿物，岩石，土壤生物，土壤有机质，土壤矿物质，土壤孔性与结构，土壤水分、空气、热量状况及其调节，土壤胶体与离子交换，土壤酸碱性和缓冲性，土壤养分与肥料，园林土壤。

本教材将园林植物对土壤的特殊要求与基本性质结合，通过拓展阅读将园林工程中普遍存在的问题及解决方法和技术融入教材中，兼顾理论知识与园林实践技能。主要适用于园林、风景园林等专业本科及高等职业教育园林技术、园林工程技术、风景园林设计等专业的学生学习，也可作为环境、生态、城乡建设与环境规划等专业的教材与参考书，还可供从事农林、生态环境等相关领域教学、科研和生产工作的相关人员参考。

图书在版编目（CIP）数据

园林土壤概论 / 徐秋芳主编. －－ 北京：中国林业出版社，2024.10
国家林业和草原局普通高等教育"十四五"规划教材
高等院校园林与风景园林专业系列教材
ISBN 978-7-5219-2609-5

Ⅰ．①园… Ⅱ．①徐… Ⅲ．①园艺土壤－高等学校－教材 Ⅳ．①S155.4

中国国家版本馆CIP数据核字(2024)第026740号

策划编辑：田　娟　康红梅
责任编辑：田　娟
责任校对：苏　梅
封面设计：北京钧鼎文化传媒有限公司

出版发行：中国林业出版社
　　　　　（100009，北京市西城区刘海胡同7号，电话 010-83223120，83143634）
电子邮箱：jiaocaipublic@163.com
网　　址：https://www.cfph.net
印　　刷：北京中科印刷有限公司
版　　次：2024年10月第1版
印　　次：2024年10月第1次印刷
开　　本：850mm×1168mm　1/16
印　　张：13
字　　数：297千字
定　　价：58.00元

数字资源

《园林土壤概论》编写人员

主　　编　徐秋芳

副 主 编　邱　巍　刘　娟　刘　杰

编写人员　（按姓氏拼音排序）

　　　　　　陈金林（南京林业大学）
　　　　　　姜培坤（浙江农林大学）
　　　　　　梁辰飞（浙江农林大学）
　　　　　　刘　杰（北京农学院）
　　　　　　刘　娟（浙江农林大学）
　　　　　　秦　华（浙江农林大学）
　　　　　　邱　巍（浙江农林大学）
　　　　　　邵　帅（浙江农林大学）
　　　　　　孙向阳（北京林业大学）
　　　　　　王嘉林（浙江农林大学）
　　　　　　王旭东（浙江农林大学）
　　　　　　徐秋芳（浙江农林大学）
　　　　　　徐　涌（浙江农林大学）
　　　　　　应珊珊（浙江农林大学）
　　　　　　赵梦丽（浙江农林大学）
　　　　　　朱高获（浙江农林大学）

主　　审　李素艳（北京林业大学）
　　　　　　俞元春（南京林业大学）

前　言

　　园林绿化有着悠久的历史，我国古代皇家园林和私家园林的建造是贵族和士大夫阶层的特权。园林绿化也是现代社会发展的必然需求，随着中国式现代化进程的加速，一方面，建造优秀的城市园林绿化工程已成为现代化城市建设中不可或缺的组成部分，也是缓解城市"热岛效应"、顺应"低碳生活"理念的低碳城市建设的重要组成部分，更是践行习近平生态文明思想，建设美丽中国的重要体现。各地政府均十分重视园林绿化，争相建设"园林城市""生态城市"，特别是居民生活品质提升要求园林绿化率和建设品质不断提高。另一方面，我国"乡村振兴"战略也促进乡村园林建设的蓬勃发展。土壤是园林建设的重要基础，决定园林植物能否健康生长。改革开放以来，园林工程规模大、建设速度快，需要的大量客土通常以满足土方数量为主，对土壤和植物的适配性及非理想土壤的改良考虑甚少，导致诸多园林工程达不到预期。本教材正是基于城市建设对园林发展迫切需求的时代背景下应运而生的。

　　为满足园林工作者对土壤及岩石景观知识的广泛需求，以及高校培养园林工作者的实际要求，本教材编写组成员以普通土壤学知识为基本框架，结合园林土壤和风景园林相关的岩石景观，广泛搜集了园林土壤方面的研究新成果，紧密围绕土壤学在园林绿化建设中的实践应用，加入丰富的拓展阅读，选取推荐阅读书目，便于学生充分理解教材内容，提升实践应用能力，最终编写成《园林土壤概论》。

　　本教材由徐秋芳任主编，邱巍、刘娟、刘杰任副主编，由徐秋芳负责统稿和定稿。具体编写分工如下：第1章由徐秋芳、姜培坤编写，第2、3章由梁辰飞编写，第4章由赵梦丽编写，第5章由王嘉林、秦华编写，第6章由徐涌编写，第7章由朱高获、孙向阳编写，第8章由应珊珊编写，第9章由邵帅、陈金林编写，第10章由刘娟编写，第11章由刘杰、邱巍编写，第12章由王旭东编写。

　　最后，向本教材编写过程中提供资料、图片和修改意见的单位和个人，致以深切的谢意。

　　由于编者水平有限，书中错误和不足之处，敬请读者批评指正。

编　者
2024年3月

目 录

前 言

第1章 绪 论 …………………………………………………………（1）
  1.1 土壤概述 …………………………………………………………（2）
    1.1.1 土壤定义 ……………………………………………………（2）
    1.1.2 土壤形成 ……………………………………………………（3）
    1.1.3 土壤复杂性 …………………………………………………（4）
  1.2 土壤资源重要性及其特性 ………………………………………（8）
    1.2.1 土壤资源重要性 ……………………………………………（9）
    1.2.2 土壤资源特殊性 ……………………………………………（12）
  拓展阅读 ………………………………………………………………（14）
  小 结 ……………………………………………………………………（15）
  思考题 …………………………………………………………………（15）
  推荐阅读书目 …………………………………………………………（15）

第2章 矿 物 …………………………………………………………（16）
  2.1 矿物物理性质 ……………………………………………………（16）
    2.1.1 颜色 …………………………………………………………（17）
    2.1.2 条痕 …………………………………………………………（17）
    2.1.3 透明度和光泽 ………………………………………………（18）
    2.1.4 解理和断口 …………………………………………………（19）
    2.1.5 硬度 …………………………………………………………（21）
    2.1.6 相对密度 ……………………………………………………（21）
  2.2 常见矿物 …………………………………………………………（21）
    2.2.1 石英 …………………………………………………………（21）
    2.2.2 正长石 ………………………………………………………（22）
    2.2.3 斜长石 ………………………………………………………（22）
    2.2.4 白云母 ………………………………………………………（23）

- 2.2.5 黑云母 …… (23)
- 2.2.6 角闪石 …… (24)
- 2.2.7 辉石 …… (24)
- 2.2.8 高岭石 …… (25)
- 2.2.9 方解石 …… (25)
- 2.2.10 白云石 …… (25)
- 2.2.11 磷灰石 …… (26)
- 2.2.12 磁铁矿 …… (26)
- 2.2.13 赤铁矿 …… (26)
- 2.2.14 褐铁矿 …… (27)

拓展阅读 …… (27)
小　结 …… (28)
思考题 …… (28)
推荐阅读书目 …… (28)

第3章 岩 石 …… (29)

3.1 岩浆岩 …… (29)
- 3.1.1 岩浆活动及岩浆岩产状 …… (29)
- 3.1.2 岩浆岩物质成分 …… (30)
- 3.1.3 岩浆岩结构和构造 …… (32)
- 3.1.4 常见岩浆岩 …… (34)

3.2 沉积岩 …… (36)
- 3.2.1 沉积岩概念 …… (36)
- 3.2.2 沉积岩形成过程 …… (36)
- 3.2.3 沉积岩物质成分 …… (37)
- 3.2.4 沉积岩颜色 …… (38)
- 3.2.5 沉积岩结构和构造 …… (38)
- 3.2.6 主要沉积岩 …… (40)

3.3 变质岩 …… (41)
- 3.3.1 变质作用及其影响因素 …… (41)
- 3.3.2 变质岩矿物组成 …… (41)
- 3.3.3 变质岩结构 …… (41)
- 3.3.4 变质岩构造 …… (41)
- 3.3.5 主要变质岩 …… (42)

3.4 岩石风化 …… (43)
- 3.4.1 风化作用 …… (43)
- 3.4.2 风化作用影响因素 …… (46)

3.4.3　风化作用产物 … (47)
　拓展阅读 … (48)
　小　结 … (50)
　思考题 … (50)
　推荐阅读书目 … (51)

第4章　土壤生物 … (52)
　4.1　土壤动物 … (52)
　　　4.1.1　土壤动物分类及主要土壤动物 … (53)
　　　4.1.2　土壤动物与生态环境的关系 … (56)
　4.2　土壤微生物 … (57)
　　　4.2.1　土壤微生物分类 … (58)
　　　4.2.2　土壤微生物营养类型和呼吸类型 … (59)
　　　4.2.3　土壤微生物主要功能 … (61)
　　　4.2.4　土壤生物间的相互关系 … (64)
　4.3　植物根系及其与微生物的相互作用 … (65)
　　　4.3.1　植物根系形态 … (65)
　　　4.3.2　根际与根际效应 … (66)
　　　4.3.3　根际微生物 … (67)
　4.4　土壤酶 … (70)
　　　4.4.1　土壤酶来源与存在状态 … (70)
　　　4.4.2　土壤酶种类与功能 … (70)
　　　4.4.3　土壤酶活性及其影响因素 … (71)
　拓展阅读 … (72)
　小　结 … (72)
　思考题 … (72)
　推荐阅读书目 … (73)

第5章　土壤有机质 … (74)
　5.1　土壤有机质来源和类型 … (74)
　　　5.1.1　土壤有机质来源 … (74)
　　　5.1.2　进入土壤的有机残体组成 … (75)
　5.2　土壤有机质分解和转化过程 … (77)
　　　5.2.1　土壤有机质矿质化过程 … (77)
　　　5.2.2　土壤有机质腐殖化过程 … (80)
　　　5.2.3　影响土壤有机质分解的因素 … (81)
　5.3　土壤有机质作用 … (83)

5.3.1　有机质在土壤肥力上的作用 ……………………………………………（83）
　　5.3.2　有机质在生态环境中的作用 ……………………………………………（84）
拓展阅读 …………………………………………………………………………………（86）
小　结 ……………………………………………………………………………………（86）
思考题 ……………………………………………………………………………………（87）
推荐阅读书目 ……………………………………………………………………………（87）

第6章　土壤矿物质 ……………………………………………………………………（88）
6.1　矿物质土粒粗细分级 ………………………………………………………………（88）
　　6.1.1　土粒大小分级 ………………………………………………………………（88）
　　6.1.2　粒级基本特征 ………………………………………………………………（90）
6.2　土壤质地分类 ………………………………………………………………………（90）
　　6.2.1　土壤机械组成和质地 ………………………………………………………（90）
　　6.2.2　不同质地土壤肥力特点 ……………………………………………………（93）
拓展阅读 …………………………………………………………………………………（94）
小　结 ……………………………………………………………………………………（95）
思考题 ……………………………………………………………………………………（95）
推荐阅读书目 ……………………………………………………………………………（95）

第7章　土壤孔性与结构 ………………………………………………………………（96）
7.1　土粒密度和容重 ……………………………………………………………………（96）
　　7.1.1　土粒密度 ……………………………………………………………………（96）
　　7.1.2　土壤密度 ……………………………………………………………………（97）
7.2　土壤孔隙 ……………………………………………………………………………（98）
　　7.2.1　土壤孔性 ……………………………………………………………………（99）
　　7.2.2　土壤孔性影响因素 …………………………………………………………（100）
　　7.2.3　土壤孔性调节 ………………………………………………………………（101）
　　7.2.4　土壤容重与土粒密度、孔隙度的关系 ……………………………………（101）
7.3　土壤结构 ……………………………………………………………………………（102）
　　7.3.1　土壤结构类型、特征及其改良 ……………………………………………（102）
　　7.3.2　土壤团粒结构形成 …………………………………………………………（104）
　　7.3.3　团粒结构与土壤肥力 ………………………………………………………（104）
拓展阅读 …………………………………………………………………………………（106）
小　结 ……………………………………………………………………………………（106）
思考题 ……………………………………………………………………………………（107）
推荐阅读书目 ……………………………………………………………………………（107）

第8章 土壤水分、空气、热量状况及其调节 (108)

8.1 土壤水 (108)
8.1.1 土壤水类型和性质 (108)
8.1.2 土壤水分表示方法及土壤水分有效性 (111)
8.1.3 土水势 (114)
8.1.4 土壤水分运动 (116)

8.2 土壤空气 (117)
8.2.1 土壤空气主要特点 (118)
8.2.2 土壤空气与大气的交换和通气性 (118)
8.2.3 土壤空气对园林植物生长和园林土壤肥力的影响 (120)

8.3 土壤热量 (121)
8.3.1 土壤热量来源及其影响因素 (121)
8.3.2 土壤热性质 (122)
8.3.3 土壤温度对土壤肥力及园林植物生长的影响 (124)

8.4 土壤水、气、热调节 (124)
8.4.1 通过耕作和施肥调节 (124)
8.4.2 通过灌水和排水调节 (125)
8.4.3 通过地面覆盖调节 (125)
8.4.4 营造防护林带和林网 (126)

拓展阅读 (126)

小 结 (126)

思考题 (126)

推荐阅读书目 (127)

第9章 土壤胶体与离子交换 (128)

9.1 土壤胶体概念与基本构造 (128)
9.1.1 土壤胶体概念 (128)
9.1.2 土壤胶体基本构造 (130)

9.2 土壤胶体表面性质 (132)
9.2.1 土壤胶体比表面积和表面能 (132)
9.2.2 土壤胶体带电性 (133)

9.3 土壤阳离子交换作用 (135)
9.3.1 交换性阳离子和阳离子吸附与交换作用 (135)
9.3.2 阳离子吸附与交换作用特征 (136)

9.4 土壤阳离子交换量 (137)

9.5 土壤盐基饱和度 (138)

9.6 交换性阳离子有效度及影响因素 (139)

拓展阅读 ……………………………………………………………………………………（141）
小　结 ………………………………………………………………………………………（142）
思考题 ………………………………………………………………………………………（142）
推荐阅读书目 ………………………………………………………………………………（142）

第 10 章　土壤酸碱性和缓冲性 ……………………………………………………………（143）
10.1　土壤酸碱性 …………………………………………………………………………（143）
　　10.1.1　土壤酸度 ……………………………………………………………………（144）
　　10.1.2　土壤碱度 ……………………………………………………………………（145）
　　10.1.3　土壤酸碱性对园林土壤肥力的影响 ………………………………………（146）
　　10.1.4　土壤酸碱性对植物生长的影响 ……………………………………………（147）
　　10.1.5　土壤酸碱性调节 ……………………………………………………………（148）
10.2　土壤缓冲性 …………………………………………………………………………（149）
　　10.2.1　土壤缓冲性及其成因 ………………………………………………………（149）
　　10.2.2　土壤缓冲性的意义 …………………………………………………………（151）
拓展阅读 ……………………………………………………………………………………（151）
小　结 ………………………………………………………………………………………（152）
思考题 ………………………………………………………………………………………（152）
推荐阅读书目 ………………………………………………………………………………（152）

第 11 章　土壤养分与肥料 …………………………………………………………………（153）
11.1　氮素营养与氮肥 ……………………………………………………………………（153）
　　11.1.1　植物氮素营养 ………………………………………………………………（153）
　　11.1.2　土壤中的氮素 ………………………………………………………………（155）
　　11.1.3　氮肥 …………………………………………………………………………（157）
　　11.1.4　提高氮肥利用率的措施 ……………………………………………………（159）
11.2　磷素营养与磷肥 ……………………………………………………………………（161）
　　11.2.1　植物磷素营养 ………………………………………………………………（161）
　　11.2.2　土壤中的磷素 ………………………………………………………………（162）
　　11.2.3　磷肥 …………………………………………………………………………（164）
11.3　钾素营养与钾肥 ……………………………………………………………………（166）
　　11.3.1　植物钾素营养 ………………………………………………………………（166）
　　11.3.2　土壤中的钾素 ………………………………………………………………（167）
　　11.3.3　钾肥 …………………………………………………………………………（168）
拓展阅读 ……………………………………………………………………………………（169）
小　结 ………………………………………………………………………………………（170）
思考题 ………………………………………………………………………………………（170）

推荐阅读书目…………………………………………………………………（170）

第12章 园林土壤…………………………………………………………（171）

12.1 城市绿地土壤……………………………………………………………（171）
12.1.1 城市绿地土壤范围……………………………………………………（172）
12.1.2 城市绿地土壤特点……………………………………………………（172）
12.1.3 影响城市绿地土壤质量的主要因素…………………………………（173）
12.1.4 营造良好绿地土壤的操作规范………………………………………（175）

12.2 容器土壤和基质…………………………………………………………（177）
12.2.1 容器土壤和基质物理性质……………………………………………（178）
12.2.2 容器土壤和基质化学性质……………………………………………（180）
12.2.3 基质原料及特点………………………………………………………（181）
12.2.4 容器土壤基质配制……………………………………………………（183）
12.2.5 几种常用容器土壤基质经典配比……………………………………（185）

12.3 设施栽培土壤……………………………………………………………（189）
12.3.1 设施土壤特性…………………………………………………………（189）
12.3.2 设施土壤管理…………………………………………………………（190）

拓展阅读………………………………………………………………………（191）
小　结…………………………………………………………………………（191）
思考题…………………………………………………………………………（192）
推荐阅读书目…………………………………………………………………（192）

参考文献………………………………………………………………………（193）

第1章 绪论

　　城市园林绿化植物美化城市景观、改善城市小气候，为城市居民提供适宜的工作、学习和生活环境，具有不可替代的作用。随着城市规模的高速发展，城市面积日益扩大，城市园林绿化已成为重要的人居环境指标，而城市园林绿化率和人均绿地面积2个指标又是我国生态城市建设的重要评价指标。随着城市居民生活水平的日益提高，人们对人居环境的要求越来越高；园林绿化品质在房地产项目中起着举足轻重的作用，直接影响销售价格，许多知名地产企业非常注重园林绿化品质。城市园林绿地包括5类：①公共绿地，是指供群众游憩观赏的各种公园、动物园、植物园、陵园及小游园、街道广场的绿地。②环境绿化用地，是指工厂、机关、学校、医院、部队等单位和居住区内的绿化用地。③生产绿地，是指为城市园林绿化提供苗木、花草、种子的苗圃、花圃、草圃等。④防护绿地，是指为满足城市对隔离、卫生、安全等的要求而设置的具有防护功能的林带和绿地。⑤城市、郊区风景名胜区。计算绿地率时，对城市建成区和郊区应分别统计。随着乡村振兴战略的提出，打造农民安居乐业的美丽家园得到广泛重视；良好的生态、美丽的庭园、整洁的道路是美丽家园的关键要素；园林土壤研究从城市延伸到乡村，特别是全域旅游概念提出后，乡村园林绿化工作越来越受到重视。

　　绿化植物的成活率与生长情况受众多因素影响，如温度、光照、水分、土壤、大气、生物及管理等方面，气候因子在较小的范围内差异极小，因而土壤环境成为影响植物成活率和生长状况的重要因素。如果土壤质地不良、酸碱度不适宜，则会导致种植苗木成活率降低、苗木生长迟缓、苗木管理维护成本提高等一系列问题，对于部分移植树木则很难恢复生机，树木较长时期处于生长不良状态。

土壤学是以地球表面能够生长绿色植物的疏松层为对象，研究其中的物质运动规律及其与植物和环境间关系的科学。园林土壤学特别关注支撑园林植物生长的土壤性质及适宜土壤的构建和培育。

1.1 土壤概述

1.1.1 土壤定义

土壤是历史自然体，是地壳表面岩石风化物及其再搬运沉积的疏松物质——母质（形成土壤主体的矿物质）在气候、生物（特别是绿色植物和微生物）、地形和时间等自然因素综合作用下形成和发展的产物，有些地方也会受人类活动的影响；土壤形成有其自身的发生发展规律和特征，不同母质与自然因素或人为因素协同作用形成不同土壤。我国幅员辽阔，成土母质和自然因素丰富多样，由此形成种类繁多、五颜六色的土壤，其中最有代表性的"五色土"是古代华夏传统文化的典型符号。五色土分别是黑、黄、红、青、白5种颜色的天然土壤，黑土分布于湿润寒冷的东北平原，微生物活动弱，导致有机物分解慢而大量积累，土壤呈黑色或灰色；黄土分布于黄土高原，土壤中有机质含量较低，土壤呈黄色；红土分布于我国南方高温多雨地区，原生矿物质强烈风化，氧化铁、氧化铝等矿物质残留于土壤上层形成红色土壤；青土分布于我国东部排水不良或长期淹水环境，土壤中的氧化铁被还原成浅绿色的氧化亚铁，土壤呈灰绿（青）色，如南方某些水稻田；白土分布于西部，主要为含有较高钙、镁、钠等盐类的土壤（盐土和碱土），土壤呈浅灰色或白色。综上所述，土壤颜色取决于其物质成分，而不同成分的积累则是特殊成土环境对应成土过程的产物，不同物质组成决定土壤肥力高低及植物生长优劣（图1-1）。

图1-1 北京社稷坛"五色土"

（注：东、南、西、北、中方向分别为青、红、白、黑、黄色的土壤）

1.1.2 土壤形成

从土壤概念得知，母质是形成土壤的物质基础，它在各种自然因素和人为因素综合作用下进行着复杂的物质和能量交换，最终形成各种土壤，物质和能量交换是土壤形成的实质。我们看到的土壤只是土壤形成过程中某个阶段的物理状态，随着时间发展，物质和能量交换不断进行，同一地点的土壤在不断变化。虽然物质和能量交换过程时刻进行着，但能被观察到的土壤形态变化则非常慢。地球表面土壤连续体构成土壤圈，它位于大气圈、岩石圈、生物圈、水圈的重叠位置，与4个圈层进行着一系列物理、化学和生物化学反应过程，成为各圈层间的生命与非生命因素相互作用的中心（图1-2）。

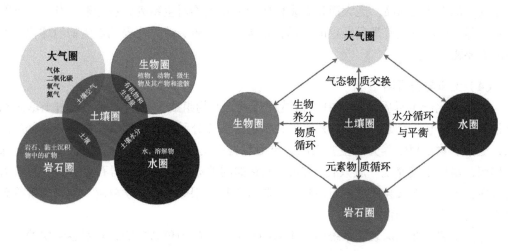

图 1-2　土壤与岩石圈、水圈、大气圈、生物圈的相互作用

（1）土壤与大气圈

大气圈包括地球表面高达几十千米范围，含有碳、氢、氧、氮及多种微量气体成分，其中，氮和氧占大气总量的99%左右。土壤与大气圈在近地球表面进行着频繁的水、热、气平衡交换。土壤这一疏松多孔的生命系统，不仅能接纳大气降水及物质沉降，还可通过生物固氮将大气氮素固定于土壤中以供生命需要；反向物质流则是土壤向大气释放CO_2、CH_4和NO_x等温室气体，大气中约90%的N_2O来自土壤，土壤排放是温室气体的重要来源。探明土壤中这些气体的源（净排放）、汇（净固定）关系，最大限度减少土壤排放是全球共同关心的环境问题。

（2）土壤与水圈

以海洋水为主的水圈覆盖着70%的地球表面，其质量约占全球水圈总量的97%。虽然地球的水资源丰富但淡水资源相对贫乏，除江河湖泊外，土壤是最大的淡水储库。大气降水或灌溉水进入土壤，通过土壤吸持、入渗和再分配，以土壤饱和水及非饱和水流参与地球水循环，是陆地水循环中最复杂、也是最重要的环节之一。土壤水不仅是陆生植物赖以生存的基础，也是土壤中包括营养元素在内所有物质运移的主要介质。植物从土壤中获取水分，同时通过土壤水获取营养元素。土壤水处于土壤—植物—大气连续的统一体（soil-plant-atmosphere continuum，SPAC）中，土壤储水量、动态变化及多孔性等物理、化学性质影响自然界的水分平衡。

（3）土壤与生物圈

地球表层包括动物、植物、微生物在内的全部生物群落组成了生物圈。生物在地球上分布的范围极广，虽然在地表几十千米高空或地下几千米深海均能找到处于休眠状态的生物，如细菌和真菌孢子，但绝大部分生物个体集中分布在土壤圈及其表面的大气中。土壤不仅是动植物和人类赖以生存的基地，更是微生物最适合的栖息场所。植物扎根于土壤，从土壤中吸收养分和水分，通过光合作用合成有机物质，为人类和动物提供食品及其他生活必需品。庞大而复杂多样的土壤微生物对生物废弃物分解、有机污染物降解、养分调节等起着举足轻重的作用，是碳、氮、硫、磷等地表元素生物地球化学循环的主要驱动力。

（4）土壤与岩石圈

岩石风化产生母质，母质中矿物质及其风化产物组成土壤的骨架，它占土壤固相质量的95%以上。除氮、氧、氢元素外，植物必需养分元素几乎都由矿物质分解释放而来，土壤矿物是植物养分的主要来源。土壤对岩石反向作用分为2个方面，一方面起保护作用，虽然土壤厚度一般只有1~2m，但它如同地球的皮肤保护岩石免遭各种外营力的破坏；另一方面又会促进岩石风化，如物理作用（根劈）和化学溶解、生物酶解等破坏岩石的大小形态和化学结构。

综上所述，在地球表面系统中，土壤圈具有特殊的地位和功能，它对各圈层的能量流动、物质循环及信息传递起维持和调控作用。土壤圈层中不同土壤特征和性质都是大气圈、生物圈、岩石圈和水圈的综合历史反映，如同镜子一样反映历史环境的变迁。反之，土壤的任何变化都会影响各圈层的演化和发展，乃至对全球变化产生冲击作用。因此，土壤圈被视为地球表层系统中最活跃、最富有生命力的圈层，是地球关键带的核心要素。地球关键带（图1-3）是指从地下水底部或者土壤—岩石交界面一直向上延伸至植被冠层顶部的连续体域（National Research Council，2001）。

1.1.3 土壤复杂性

1.1.3.1 土壤物质组成

土壤由矿物质、有机质（含有生命的微小生物）、水和空气4大类物质组成，构成复杂的固、液、气三相分散体系（图1-4a）。在固相中有机质仅占总质量的5%以下（有机土除外），而大大小小的矿物颗粒占固相部分总质量的95%以上（图1-4b），其中部分颗粒为直径小于1μm的胶体。土壤水和空气存在于土壤颗粒之间的孔隙中，土壤孔隙占总容积的30%~65%（平均约为50%），它是植物根系、土壤动物和微生物的主要分布空间。土壤矿物质和有机质是植物营养的源泉，而土壤孔隙的容积和大小则直接影响水和

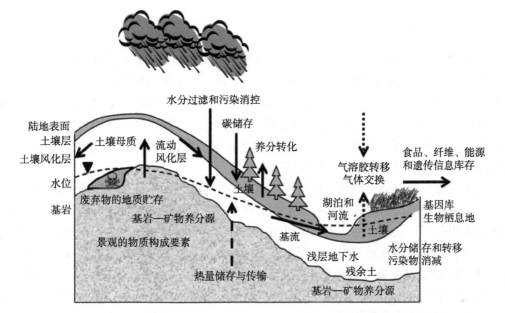

图1-3 地球关键带及其物质、能量和基因信息的流动和转移示意图（朱永官 等，2015）

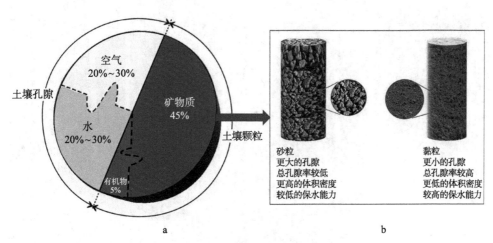

图1-4 土壤组成示意图

a. 土壤各相的容积比例　b. 固相部分的颗粒组成

空气对植物根的生长。土壤作为介质吸收、传导、保持和散发热能。为了解土壤对植物生活的影响，充分发挥土壤的作用，有必要了解土壤的物理、化学和生物学性质，以及不同情况下土壤水分、养分、空气和热量状况。

土壤固相物质组成对植物生长起着至关重要的作用，因此，对于需人为构建土壤的园林工程，土壤材料的选择非常重要（具体选择原则将在后面章节介绍），如果工程完成后才发现植物生长不好，重新换土成本非常高。常见的建筑垃圾回填需要特别谨慎，园林植物废弃物的科学归还可以化腐朽为神奇，提升土壤肥力。

1.1.3.2 土壤剖面

土壤剖面是指土壤的垂直切面，通常挖到1~2m的深度，在土层总厚度较薄的情况下，则挖到较硬的母质或母岩层（剖面的下限）即可。土壤剖面是研究土壤形成和性质的窗口，土壤剖面自上而下的性质均能影响植物生长及根系分布。如果表层土壤肥力很高，而下层土壤性质差，则植物难以健康生长，因此，了解土壤剖面的整体性质非常重要，特别对于根系较深的高大乔木。另外，园林植物生长不良时，必须挖开深层土壤，探明障碍因子，有的放矢地采取针对性改良措施。

由于土壤在长期形成过程中物质转化和迁移，土壤剖面不同位置物质组成和土壤性质出现分异，呈现出不同层次。有些剖面层次分明，土壤形态和性质有明显差别，层与层之间界限分明，如东北黑钙土，表层土壤因有机质含量高而呈黑色，与下层土壤界限分明；而棕壤剖面则分异不明显，形态性质逐渐演变过渡，层与层之间界线不清楚。不同土壤剖面特征是由成土因素和土壤形成过程的差异所决定的，南方的红壤和东北的黑土差别非常大（图1-5）。土壤剖面的分层状况及各层的排列顺序，称为土壤的剖面构型，它是土壤分类的重要依据。

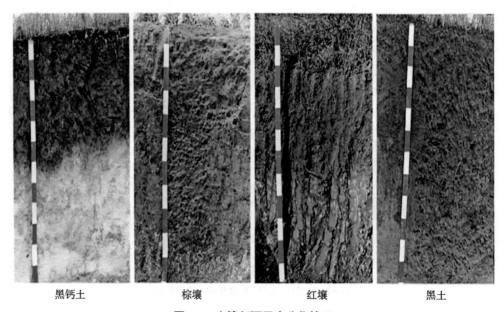

黑钙土　　　　棕壤　　　　红壤　　　　黑土

图1-5　土壤剖面层次分化情况

（1）土壤剖面描述

土壤剖面层次形成有2大成因：一是自然成土作用形成的层次，称作发生层，从较为均一的母质发育而成，由于物质和能量在剖面上下层位之间转化与转移形成不同层次；二是由于地质作用（地球表面的外力作用）或人为活动而造成的层次，称作堆积层，各层之间的差别可能很大，而且层间界限分明，城市园林，特别是绿化工程，常常形成堆积土层，堆积层次自上而下用阿拉伯数字1、2、3等标记。

（2）土壤剖面构型

母质发育而成的成熟土壤剖面通常包括O、A、B、C等自上而下的发生层，其组合模式称为剖面构型，典型的土壤剖面构型如图1-6所示。

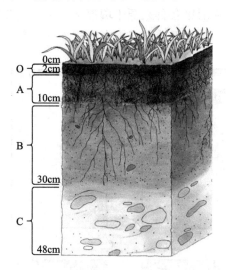

图1-6　典型的土壤剖面

各发生层的含义如下：

O是有机质层，覆盖在矿质土层之上，其物质成分主要为生物（特别是高等植物）残体及其分解转化产物，通常见于森林土壤的表面。O层有时可细分为2个亚层：O_1层（凋落物层），原有植物和动物残体形状肉眼可辨；O_2层（半分解有机质层），呈黑褐色，原有植物和动物残体形状基本消失。

A是表土层，又称淋溶层，颜色一般比下面各层深，在不同土壤类型中可出现不同亚层：A_1层为腐殖质层，含有丰富的有机质，颜色较深，是大部分土壤的共性土层；A_2层则是在某些特殊环境中位于A_1层之下，如灰化层（E），它是硅酸盐黏粒、氧化铁、氧化铝损失而砂粒与粉粒聚集的层位，颜色比上、下层浅，呈灰白色调。

B是淀积层或心土层，表层的淋溶作用，使某些难溶性物质如硅酸盐、铁或铝的氧化物，甚至部分腐殖质组分下移沉淀聚积。根据B层的特殊物质组成可再分为各种亚层，用下标字母表示，如干旱地区碳酸钙和硫酸钙积累层次，对应的发生层标记为B_k和B_y。

C是母质层，是半风化的岩石碎屑，或不属于上述土层范围的未成岩堆积物。有时C层向下逐渐过渡为坚硬的母岩层R。但是，严格地说，一个剖面的发生层次仅指O、A、B、C等。由于发生层的详细划分和命名较为复杂，鉴于园林土壤的特殊性，本教材不作介绍。

由于自然地质环境复杂多变，并不是所有土壤均能形成典型的剖面构型，其他可能类型如图1-7所示。例如，重叠的土壤剖面构型，存在2种或2种以上母质类型，形成如A、C和2C两个母质层的剖面构型（图1-7g），因成土时间短，第一种母质只形成了A

层,尚未形成B层,第二种母质层则完全没有形成发育层。图1-7h则是原来的A、C剖面被后来的母质(2C)覆盖,变成埋藏剖面。自然界可能存在更复杂的土壤剖面构型,把握好原则就能理解剖面发育层的关系。城市园林绿化工程常见情况是土壤没有发生层,有时可能有堆积层,有时则各种来源土壤混杂在一起没有层次,土壤中还可能有建筑垃圾。土壤剖面性状对植物根系分布有极大影响(见本章拓展阅读)。

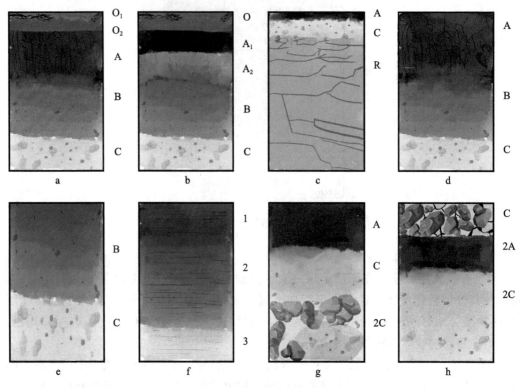

图1-7 其他可能土壤剖面类型

a. 具有完整发生层次的森林土壤　b. 灰化土　c. 石灰岩上的极薄层土壤　d. 厚层黑土壤　e. 侵蚀性土壤　f. 冲积幼年土壤　g. 具有2个堆积层次的土壤　h. 石质覆盖层下的埋藏土壤

1.2 土壤资源重要性及其特性

土壤的主要功能分为2大类,一是植物生产功能,包括满足植物生长对养分、水分和空气的需求;二是生态环境功能,包括保蓄水分、净化水质、净化污染物、固碳减排、调节小气候等。土壤是温室气体的重要交换主体,土地利用方式和管理措施则是决定其源(净排放)与汇(净固定)的主要因素。城市园林绿化植物的光合作用固定CO_2,科学的肥水管理及园林废弃物的资源化利用可增加城市园林碳汇功能。尼尔·布雷迪和雷·韦尔将土壤主要功能细分为6种(图1-8),分别是植物生长介质、营养和有机废物循环作用、供水和净化作用、大气调节器、土壤生物的栖息地、工程介质(房屋和公路等的地基)(Brady & Weil, 2017)。

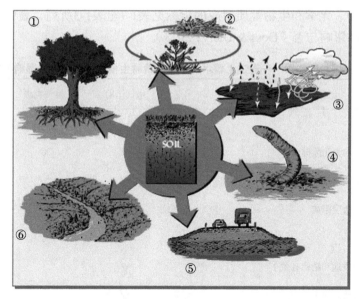

图 1-8　土壤的 6 大主要功能（Weil & Brady，2017）

从左上角起顺时针方向分别是：①植物生长介质；②营养和有机废物循环作用；③大气调节器；④土壤生物的栖息地；⑤工程介质；⑥供水及其水净化作用

1.2.1　土壤资源重要性

土壤是农业发展和粮食安全、基本生态系统功能的基础，是维持地球上所有生命的关键。土壤作为人类生存不可或缺的重要资源，得到国际组织和各国政府的高度重视，联合国粮农组织把每年的12月5日确定为世界土壤日，将2015年定为"国际土壤年"，将2015—2024年定为"国际土壤十年"。2015年联合国粮农组织（FAO）成员国批准新的《世界土壤宪章》，中华人民共和国第十三届全国人大常委会于2018年通过了《中华人民共和国土壤污染防治法》。此外，文学作品也在提醒人类珍惜土壤，美国作家戴维·R. 蒙哥马利的《泥土：文明的侵蚀》，讲述土壤与人类社会在历史长河中"相爱相杀"的故事。以地球表层的土壤作为考察对象，从宏大的视角、借助丰富的考古与历史资料，讲述了土壤与人类社会之间上万年的关系变迁，揭示了看似毫不起眼的土壤却可能成为决定文明盛衰关键因素的历史事实。

1.2.1.1　植物生产

（1）土壤肥力（土壤性质与植物生长的关系）

土壤的首要功能是植物生产。从营养条件和环境条件2个方面供应和协调作物生长，称为土壤肥力，肥力是土壤基本属性和本质特征；其中，营养条件包括植物所需要的17种必需营养元素，碳、氢、氧、氮、磷、硫、钾、钙、镁、铁、锰、锌、铜、钼、硼、氯和镍，除碳、氢、氧其他元素主要从土壤中获得；环境条件包括水分、空气和热量，而土壤水分既是维持植物生命必需物质，又是调节空气和热量的环境因子。水分、养分、空气和热量称为土壤肥力四要素，它们是土壤的物理、化学、生物学等性质的综合反映，土壤物理、化学和生物性质对应的指标见表1-1至表1-3所列，表中还注明了不同指标对土壤功能影响与否（Goss & Ulery, 2013）。

表 1-1　土壤物理性质——通过土壤水气运动、植物生根和微生物活性影响植物生长

土壤物理性质	水气运动	植物生根	微生物活性
土壤质地	√	√	√
孔隙结构（孔隙度和大孔隙排列）	√	√	√
容重（单位容积土壤质量）	√	√	√
土壤深度或到不渗透层距离	√	√	
排水等级	√	√	√
持水能力（与土壤质地和结构有关）	√		√
渗透性（水流入土壤表面）	√		
导水率（土壤中水的移动量）	√		
土壤-水势（或水分有效性）	√		√

表 1-2　土壤化学性质——通过土壤水气运动、养分有效性、植物生根和微生物活性影响植物生长

土壤化学性质	水气运动	养分有效性	植物生根	微生物活性
土壤酸碱度		√		√
阳离子交换量		√		√
有机质含量	√	√	√	√
硝态氮		√		√
有机态氮		√		√
全磷或可溶性磷		√		
全钾或可溶性钾		√		
微量元素		√		√
黏土矿物	√	√	√	√
含盐量或电导率	√		√	√
有毒离子或重金属含量		√		√

表 1-3　土壤生物学性质——通过土壤水气运动、植物生根和养分有效性影响植物生长

土壤生物性质	水气运动	植物生根	养分有效性
蚯蚓数量	√	√	√
呼吸速率	√		√
生物多样性	√		√
土壤有机质组成	√	√	√
植物根系深度	√	√	√

所有土壤性质依据其稳定性可分为3大类，第一类是很难被改变但非常重要的指标，如质地，因此，园林工程中土壤材料的选择必须慎重；第二类是变化太快的性质，如土壤铵态氮和硝态氮含量，无须理会；第三类是可以调节且重要的指标，如土壤结构、有机质含量和pH等，是后期管理的重点。具体知识将在后面章节介绍。

土壤肥力高低是相对地，不同植物生长要求的适宜土壤条件不同，有些甚至差别很大。多数园林植物喜欢有机质丰富的肥沃土壤，落叶阔叶植物在pH中性的厚层土壤上生长良好，但茶树却不能正常生长。适地性就是植物的生态习性与土壤性质的匹配度。园林工程中因设计师不了解植物的适地性，将生态习性相差很大植物配置在同一环境而导致园林工程失败的案例不少。

（2）土壤质量

除了土壤肥力，近代土壤学家提出了土壤质量概念。土壤质量指标是指那些能够测量的土壤属性或功能，并对环境和管理变化敏感的土壤物理、化学和生物特性。我们国家及多个省（自治区、直辖市）已经出台园林土壤质量标准，如中华人民共和国城镇建设行业标准《绿化种植土壤》（CJ/T 340—2016），上海市工程建设规范《园林绿化栽植土质量标准》（DG/TJ 08-231—2021）、北京市地方标准《园林种植土壤》（DB11/T 864—2012），但均为推荐而非强制性标准，在园林绿化管理中没有很好地发挥作用。随着中国经济的不断发展和人民生活水平提高，国家相关职能部门应该加强标准的效用，以提高园林土壤的质量。

1.2.1.2　生态环境功能

土壤自身就是一个生态系统，无论是生物因子和环境因子都非常复杂。而且在庭院、农田、草地、森林、流域或区域等每个陆地生态系统中，土壤都是重要的环境因子。土壤的生态环境功能可以概括为：

①维持生物活性和多样性　土壤性质直接决定着植物、微生物的生长繁殖，一旦土壤性质改变就会引起生物种群数量、类型变化及生物群落迁移等。

②更新废弃物的再循环利用　动植物残体、城市和工业废弃物、大气沉降物等通过土壤生物的分解释放养分被生物再次吸收利用，这对维持地球生命不可或缺。

③缓解、消除有害物质　有机、无机污染物通过土壤的过滤、吸附、固定、降解，

④调控水分循环系统　土壤水作为土壤—植物—大气连续系统的核心成分和地表物质的运移载体，在调节全球气候变化和溶质流动中起关键作用。

⑤稳定陆地生态平衡　土壤作为陆地生物的支撑结构，通过绿色植物生产、物质与能量迁移转化、输入输出，调控陆地生态系统结构和功能，促进系统稳定发展。

随着人类社会日益城市化，人们与土壤亲密接触的机会越来越少，有可能会忽视自己依靠土壤繁荣和生存的许多方式。事实上，将来我们对土壤的依赖程度只会增加，而不是减少。

1.2.2　土壤资源特殊性

1.2.2.1　自然土壤特性

（1）土壤资源有限（稀缺性）

在地球表面形成1cm厚土壤需要约300年或更长时间，它并非取之不尽、用之不竭的资源。我国土壤资源由于受海陆分布、地形地势、气候、水分分配和人口增加、工业化扩展的影响，耕地土壤资源短缺，后备资源不足。有限的土壤资源已成为制约经济、社会发展的重要因素，土壤资源供应能力与人类对土壤（地）总需求之间的矛盾将日益尖锐。据第一、第二次全国土地调查及第三次全国国土调查数据，1957—1996年，我国耕地年均净减少超过600万亩[*]；1996—2008年，年均净减少超过1000万亩；2009—2019年，年均净减少超过1100万亩。这一趋势反映在人均耕地面积上是：一调（第一次全国土地调查）为1.59亩、二调1.52亩、三调1.36亩。2019年耕地19.18亿亩，如果以这样的速度减少，10年后可能会突破18亿亩耕地红线（第三次全国国土调查重要数据公报，2021年8月25日）。

另外，在破坏性自然营力下，或人类违背自然规律破坏生态环境，高强度、无休止地向土壤索取，土壤肥力将逐渐下降和破坏，这就是土壤质量的退化。从全球范围看，存在着植被萎缩、物种减少、土壤侵蚀、肥力丧失、耕地过载的现象。在我国，出于人口的压力，不合理开发利用造成土壤资源的荒漠化、水土流失、土壤污染等问题严峻。从这一意义上讲，土壤资源不仅数量有限，质量同样有限。

（2）土壤资源空间分布（固定性）

由于气候、生物等成土因素在地球表面的分布规律，以及各种不同组合的自然景观影响下，土壤在地面空间分布也表现其相应的规律性。不同生物气候带分布着不同类型的土壤，即同一生物气候带的土壤类型具有相对固定性。大尺度分布规律主要取决于水热条件，而水热条件与经纬度和大地构造及地貌类型密切相关，因此，土壤空间分布具有水平（经纬度）和垂直（海拔）地带性规律。例如，热带雨林分布着砖红壤（富铁

---

[*]　1亩≈666.67m²。

土纲），亚热带常绿阔叶林分布着红壤和黄壤（铁铝土纲），温带落叶阔叶林分布着棕壤（淋溶土纲），干旱草原分布着黑钙土和栗钙土（钙层土纲），荒漠草原分布着棕土、钙土（干旱土纲），寒温带针叶林分布着灰化土（淋溶土纲）等。人们将地表土壤按土壤资源类型的相似性划分为若干土壤区域，因地制宜地合理配置农、林、牧业，充分利用土壤资源，发挥土壤生产潜力，进行土壤资源区划和土壤质量评价。

然而，我国许多地方土壤的分布与水热资源并不同步，如新疆占全国1/6土地面积，但由于缺少水资源，不能充分发挥其农业生产作用；而在水热资源同步的南方，则多为山地丘陵，耕地资源数量有限。

（3）土壤资源质量变化（再生性）

古人说"治之得宜，地力常新"。虽然土壤资源存在数量少、空间分布与水热资源不同步等缺点，但只要科学合理地利用，就能够达到可持续利用的长期目标。土壤肥力是在各种成土因素综合作用下，经过漫长的成土过程逐渐发育形成的。在这个过程中，植物、动物和微生物不断地繁衍与死亡，土壤腐殖质不断地合成和分解，土壤养分及其他元素随水的运转积累或淋洗。这一系列的物质与能量转化都处于周而复始的动态平衡中，土壤肥力就在土壤物质循环和平衡中不断地发育和提高。尤其从人类开发利用土壤资源进行生产活动以来，人们通过开垦荒地、平整土地、耕作施肥、灌溉排水、轮作复种等人为改良途径，不仅大大提高了土壤的农、林、牧业生产能力，同时培肥土壤，使它向更高的耕作熟化方向演化。园林土壤的人为干扰程度远远大于农业和林业土壤，因此，只要合理利用土壤，用养结合，不断投入和补偿，就有可能保持土壤肥力的持续利用。

1.2.2.2 园林土壤特性

园林土壤包括各种园林绿地的土壤，如广场草皮、行道景观、中心花园、房前屋后绿地，以及盆栽植物等，不同功能的绿地植物对土壤要求不同，后期管理也存在较大差异。应针对不同功能绿地，顺序地进行基础土壤构建、植物种植，以及后期管理3个步骤。

（1）土壤材料来源复杂性

绿化工程施工区由于立地条件限制，不少绿化区表土坚硬、养分缺乏、掺杂大量硬块的建筑垃圾，致使苗木根系发育不良；也有些地方现有土壤无法满足绿化种植需要，需要从外面搬运土壤。因此，许多绿化施工区的土壤需要改良和置换。理想土壤为疏松、肥沃、富含有机质的熟土，其次是虽有少量建筑垃圾或杂草根的土壤，经人工处理亦可使用；最忌淤泥、实土和生土。但实际上理想土壤资源稀缺，需要应用土壤学知识将2种或2种以上不理想的单一土壤，通过人为配制、添加一些土壤改良材料混合后达到使用要求。

（2）园林土壤固定性

基础土壤一旦构建、种上植物就很少再去翻动，加上城市人口密集，践踏导致土壤坚实、通气透水差，后期养分管理也受到很大限制。

(3) 园林土壤安全性

因为污染物的排放而造成城市土壤污染的情况较为常见。污染土壤的主要化学物质包括重金属类无机污染物、人工合成的高残留性有机氯农药，以及一些放射性元素和病原微生物等。近30年来，城市规模的高速发展，城市园林绿化面积不断扩大，但园林绿化存在的问题也较为普遍，其中多数问题与土壤有关，因为园林土壤大部分为搬运土（如建筑垃圾、城市污泥等），来源复杂，存在环境风险。因此，未来城市园林土壤的质量监控非常必要。

上海市园林科学规划研究院于2013年制定并实施了上海市地方标准《园林绿化栽植土质量标准》（DG/TJ 08-231—2013），于2021年更新为《园林绿化栽植土质量标准》（DG/TJ 08-231—2021），确立了土壤pH值、EC值、容重（干密度）、有机质、通气孔隙度、有效土层和石砾含量7个土壤指标，分别对花坛和花境、树坛、草坪、容器、保护地、立体绿化6种绿地类型的栽植土的基本指标、营养指标及安全指标作了明确规定。上海市还出台了《园林绿化工程种植土壤质量验收规范》（DB31/T 769—2013），对园林绿化工程土壤质量检测的覆盖面和影响力正逐年扩大，通过土壤检测促使园林建设者有针对性地对土壤进行科学改良，土壤质量也就有了"质"的保证。

拓展阅读

土壤剖面性状对树木根系分布的影响

植物根系形态类型虽取决于遗传因子，但同一遗传型根系在不同土壤中有较大变异。土壤剖面性质通过影响水分、通气及养分状况控制根系的分布。图1-9a所示剖面是土壤上层常年干燥条件下的常见根系形态；图1-9b所示剖面为土壤各层之间水平状况不一致，从而形成上下2个水平根系层，根系密集层表示土壤有利于植物生长；图1-9c所示剖面为表层土壤肥沃，下层土壤坚实，次生细根群趋向表层；图1-9d所示剖面整体均匀，根系在整个剖面中分布均匀。

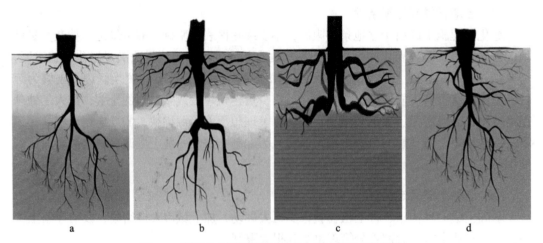

图 1-9 不同的土壤剖面性状对树木根系形成的影响

小　结

　　自然土壤是母质、气候、生物、地形和时间5大因素综合作用下形成的历史产物，其中生物与气候协同作用形成土壤空间分布的水平（经纬度）和垂直（海拔）地带性规律。而园林土壤则受到较强的人为干扰，自然土壤的剖面常常遭到破坏，代之以堆积土层。植物生产和生态环境功能是土壤最主要功能，园林土壤为植物提供生长介质，而植物通过光合作用、净化空气、美化环境发挥生态功能。园林土壤与农林业土壤存在较大差异，可通过人为改造构建理想的土壤。

　　土壤物质组成极其复杂，占土壤体积约50%的固体物质由质量95%以上矿物质和5%以下的有机质组成，另外50%体积的孔隙中充满不同比例的水和空气。这些组成部分相互作用，影响复杂的土壤功能，充分了解这些功能对科学利用和管理土壤资源至关重要。

思考题

　　1. 什么是土壤和土壤肥力？如何正确理解土壤肥力的生态相对性的概念？
　　2. 什么叫土壤圈？土壤圈与其他圈层之间发生哪些过程？
　　3. 查阅文献了解园林土壤存在的问题，初步了解解决问题的方法和技术，在后面章节学习时，结合相关的理论知识巩固对方法的理解并加以应用。

推荐阅读书目

　　1. 土壤学（第2版）. 孙向阳. 中国林业出版社，2021.
　　2. 泥土：文明的侵蚀. 戴维·R. 蒙哥马利. 陆小璇，译. 译林出版社，2017.
　　3. The Nature and Properties of Soils（15th Edition）. Ray R Weil，Nyle C Brady. Pearson Education, Inc.，2017.

第 2 章 矿物

矿物是地壳中的化学元素在各种地质作用下形成的自然产物,自然界中发现的矿物已有4000多种。矿物可由单一元素组成,如自然金(Au)和金刚石(C),也可为几种元素组合成的化合物,如方解石($CaCO_3$)和黄铁矿(FeS_2)。多数矿物的化学成分均一,具有特定的内部晶体构造,由原子、离子、分子等基本质点在空间上按一定的规律排列形成,称为晶体。还有少数非晶体矿物,其内部质点的排列不具规则性,包括胶体矿物(如蛋白石,$SiO_2 \cdot H_2O$)、玻璃质矿物(如黑曜石)或液体(自然汞)。

矿物依其成因可分为原生矿物、表生矿物和变质矿物3类。由岩浆作用形成的矿物,称为原生矿物,如长石、橄榄石等;在地表常温、常压条件下由沉积、风化等表生地质作用形成的矿物,称为表生矿物,如方解石、高岭石等;由变质作用形成的称为变质矿物,如红柱石、石榴子石等。

2.1 矿物物理性质

矿物的物理性质包括颜色、条痕、透明度、光泽、解理、断口、硬度、相对密度、脆性、延展性、磁性等。每种矿物由于成分、晶体构造不同,物理性质自然相异,因此,物理性质是对矿物进行鉴定的重要依据。

2.1.1 颜色

矿物的颜色是多种多样的，它的呈色原理和自然界其他物质一样，是对可见光（波长390~770nm）中不同波长的光波选择吸收作用的结果，所呈现的颜色为反射光或透过光波的混合色。有些色彩艳丽的宝石尤为引人注目，很多矿物就是因其颜色而得名的，如赤铁矿（红色）、孔雀石（蓝绿色）、褐铁矿（褐色）等。矿物颜色根据其成因，可分为自色、他色和假色3种（图2-1）。

图 2-1 矿物的自色（钴华）、他色（无色刚玉、蓝宝石、红宝石）和假色（斑铜矿）

2.1.1.1 自色

矿物本身所固有的颜色称为自色。自色主要由矿物成分中所含的色素离子引起，常见的色素离子有Fe^{2+}、Fe^{3+}、Mn^{4+}、Cu^{2+}等。自色形成的另外一个原因，是矿物晶体构造的均一性受到破坏。如通过阴极射线的刺激，可使无色透明的石盐呈现出粉红、天蓝等颜色。综上所述，自色主要由矿物的化学成分和内部结构决定，较稳定，是鉴定矿物的重要依据。

2.1.1.2 他色

矿物因杂质、气泡或液泡等包裹体的机械混入，致使矿物呈现出与自色不同的颜色称为他色。如不含杂质的刚玉是无色透明的，而当刚玉中含有Cr_2O_3时则呈红色（红宝石），含有Ti和Fe_2O_3时呈蓝色（蓝宝石）。他色随矿物所含杂质的种类和含量而变化，一般不作为矿物鉴定的主要依据。

2.1.1.3 假色

由于矿物内部的裂缝、解理面及表面的氧化膜引起干涉而产生的颜色称为假色。假色只存在于矿物表面，包括晕色、锖色、变彩等。片状集合体矿物（如云母）常因内部一系列平行密集的解理面或裂隙面对光连续反射时，引起光的干涉，从而使矿物表面出现如水面上油膜的彩虹般色带，称为晕色；锖色是指某些矿物表面的氧化薄膜引起反射光的干涉，而使矿物表面出现斑驳陆离的彩色，如斑铜矿。

2.1.2 条痕

条痕是矿物粉末的颜色。通常是用矿物在无釉瓷板上刻划所留下的粉痕来进行观察，因而得名条痕。矿物的条痕色比矿物表面的颜色更为固定，它能清除假色、减弱他

图 2-2 赤铁矿的条痕

色而显自色,因而更具鉴定意义。例如,块状赤铁矿可呈现钢灰、铁黑、红褐等色,但它们的条痕都是樱红色(图2-2)。

2.1.3 透明度和光泽

2.1.3.1 透明度

透明度是指矿物允许可见光透过的程度。肉眼鉴定时,通常以矿物碎片边缘能否透见他物为准,配合矿物条痕,将矿物的透明度划分为透明、半透明和不透明3个等级,如图2-3所示。

(1)透明

允许绝大部分光透过,矿物条痕常为无色或白色,或略呈浅色,如石英、方解石等。

(2)半透明

允许部分光透过,矿物条痕呈各种彩色,如萤石、辰砂、雄黄等。

(3)不透明

基本不允许光透过,矿物具有黑色或金属色条痕,如方铅矿、磁铁矿、石墨等。

透明(石英)　　半透明(萤石)　　不透明(方铅矿)

图 2-3 岩石透明度

2.1.3.2 光泽

光泽是指矿物表面对可见光的反射能力。矿物光泽的强弱取决于矿物的折射率、吸收系数和反射率。反射率越强,矿物的光泽就越强。根据矿物新鲜平滑的晶面、解理面或磨光面上的光泽强度，按反射率（R），配合矿物的条痕和透明度，可分为3级，分别为金属光泽（$R>0.25$）、半金属光泽（$R=0.19\sim0.25$）和非金属光泽（$R=0.04\sim0.19$）：

（1）金属光泽

矿物表面反射光很强，光耀夺目，如同光亮的金属器皿的光泽，矿物具有金属色，条痕黑色或金属色，不透明，如黄铁矿、自然金、方铅矿等。

（2）半金属光泽

矿物表面反射光能力较强，呈历久变暗的金属表面的光泽，矿物呈金属色，条痕为深彩色（如棕色、褐色等），不透明至半透明，如磁铁矿、赤铁矿、铁闪锌矿等。

（3）非金属光泽

这种光泽最为常见，较上述光泽为弱，依反光强弱又可分金刚光泽和玻璃光泽。金刚光泽反光如金刚石般明亮耀眼，玻璃光泽反光能力相对较弱，似平板玻璃表面的反光。据统计，具玻璃光泽的矿物种类最多，约占矿物总数的70%。

以上3种光泽，都是指矿物单体的光滑平面（晶面或解理面）的光泽，但是，在矿物不平坦表面或集合体表面上，由于表面不平、内部有细缝和小孔等，使一部分反射光散射或互相干扰，造成一些特殊的光泽。如具玻璃光泽的、解理不发育的浅色矿物的断口处常呈油脂光泽（石英、磷灰石）；土状、粉末状、多孔状的矿物集合体呈土状光泽（高岭石、褐铁矿）；无色或浅色、具玻璃光泽的透明矿物的纤维状集合体表面常呈丝绢光泽（纤维石膏、石棉）；浅色透明矿物的一系列极完全解理面上呈现出如同珍珠表面或蚌壳内壁的柔和而多彩的光泽，称为珍珠光泽（白云母、透石膏）。矿物的颜色、条痕、光泽、透明度之间的关系见表2-1所列。

表 2-1 矿物的颜色、条痕、光泽、透明度之间的关系

颜　色	无色或白色	浅（粉）色	彩　色	黑色或金属色*
条　痕	无色或白色	无色或浅色	浅色或彩色	黑色或金属色
光　泽	玻璃、金刚		半金属	金　属
透明度	透　明		半透明	不透明

* 金属色指金黄、黄铜黄、铅灰、白、银白等色。

2.1.4　解理和断口

2.1.4.1　解理

矿物在外力（如敲打）的作用下超过弹性限度时，沿着某一固定结晶方向破裂，形成光滑平面的固有特性称为解理，其裂开的平面称为解理面。结晶质的矿物才具有解理，非结晶质矿物不具有解理（图2-4）。

方解石的三组完全解理　　　　　　黑曜石的贝壳状断口

图 2-4　矿物的解理和断口

解理面在矿物晶体上的完全程度取决于它的内部结构，矿物的解理发生在晶体构造中，垂直于键力最弱的方向。例如，具有层状构造的云母类矿物质，其每层内部质点间的结合力（键力）强，而层与层之间的结合力弱，易沿层间发生解理，由于解理直接决定于晶体内部构造，具有固定不变的方向，是矿物的主要鉴定依据。

（1）解理分级

按矿物受力时解理裂开的难易及解理片厚薄、大小及平整光滑的程度，可将解理分为5级：

①极完全解理　矿物极易分裂成薄片，解理面平整光滑，如云母、石墨、透石膏等。

②完全解理　用小锤轻击，即会沿解理面裂开，解理面显著而平滑，此类矿物不易见到断口，如方解石、方铅矿等。

③中等解理　解理的完善程度较差，很少出现大的光滑平面，在矿物碎块上，既可看到解理，也可看到断口，常呈阶梯状，如角闪石、辉石、蓝晶石等。

④不完全解理　在外力击碎的矿物上，不易裂开形成解理面或出现小而不平滑的解理面，如石榴石、磷灰石、橄榄石等。

⑤极不完全解理　矿物受力后，很难出现解理面，仅在显微镜下可见零星解理，通常称为无解理。对于不完全解理和极不完全解理，肉眼均很难看到解理面。

（2）解理方向

晶格中构造单位间的结合力在各个方向上可以相同，也可以不同，因而在同一矿物上可以同时出现具有不同方向和不同程度的几组解理，且不同方向之间的夹角固定。例如，云母具有一组极完全解理；长石、辉石具有二组中等解理；方解石具有三组完全解理（菱形）；萤石则有四组完全解理等。

2.1.4.2　断口

矿物内部若不存在有晶体结构所控制的弱结合面网，则受力后将沿任意方向破裂，形成各种不平整断面，称为断口。断口可以出现在晶体或非晶体矿物上，也可出现在同种矿物的集合体上。解理与断口出现的难易程度是互为消长的。没有解理的矿物，断口自然十分明显。按照断口面的形状来描述，常见的有贝壳状断口、参差状断口、平坦状断口等。

2.1.5 硬度

矿物抵抗刻划、压入和研磨的能力称为硬度。硬度的大小，取决于晶体构造内部质点间距离大小、电价高低、化学键能等。矿物的硬度比较固定，也是鉴定的重要依据。

矿物硬度通常使用摩氏硬度（H_M），1812年由奥地利矿物学家Friedrich Mohs提出。一种矿物与不同硬度的矿物互相刻划进行比较而确定的等级顺序，用10种硬度递增的矿物为标准来测定矿物的相对硬度，即为摩氏硬度计（Mohs scale of hardness），从硬度最小的滑石到硬度最大的金刚石依次定为10个等级，具体见表2-2所列。

表 2-2 矿物摩氏硬度分级

硬度等级	1	2	3	4	5	6	7	8	9	10
代表矿物	滑石	石膏	方解石	萤石	磷灰石	正长石	石英	黄玉	刚玉	金刚石

必须指出，摩氏硬度计仅是硬度的一种等级，只表明硬度的相对大小，而非绝对值的高低，不能认为金刚石的硬度为滑石的10倍。在野外工作中，为了迅速确定矿物的相对硬度，常利用指甲（2~2.5）、铜具（3）、小刀（5~5.5）、钢锉（6~7）等辅助工具来判定未知矿物的硬度；但鉴定时须将刻划工具作用于矿物新鲜面上，而不是在风化蚀变的表面刻划。

2.1.6 相对密度

相对密度是指纯净的单矿物在空气中的质量与4℃时同体积水的质量之比，其大小取决于组成矿物元素的原子量和结构紧密程度。不同矿物的相对密度差别很大，变化范围可从1到23，相对密度小于2.5的为轻矿物，如石墨（2.09~2.23）、石盐（2.1~2.2）和石膏（2.3）等；相对密度大于4的为重矿物，硫化物及自然金属元素矿物的相对密度基本在此范围内，如黄铁矿（4.9~5.2）、自然金（15.6~19.3）和重晶石（4.5）等；相对密度在2.5~4的为中等相对密度的矿物，如石英（2.65）、萤石（3.18）和金刚石（3.52）等。在野外鉴定矿物时，通常用手来估量，只有当矿物相对密度差异很大时才有鉴定价值。

2.2 常见矿物

2.2.1 石英

普通石英（SiO_2）呈不透明或半透明的晶粒状或致密块状的集合体，硬度7，无解理，晶面为玻璃光泽，断口呈贝壳状，显脂肪光泽，相对密度2.67，一般呈乳白色，也有无色透明的（图2-5）。石英在酸性岩浆岩、砂岩、石英岩等岩石中大量存在，在岩石中呈半透明的粒状，硬度和脂肪光泽是其重要的鉴定依据。

纯净的石英晶体通常为无色透明的结晶，称为水晶，常见六方柱状菱面体的晶体聚

图2-5 石英晶簇

形，晶面呈玻璃光泽，含杂质时可显紫色（紫水晶）、黑色（墨水晶）、玫瑰色（蔷薇水晶）、烟灰色（烟水晶）等颜色。

另外，由二氧化硅胶体形成的隐晶质及非晶质石英也很常见，如玉髓（石髓）、燧石、玛瑙及蛋白石等。

石英分布最广，存在的数量较多，是构成土壤的重要矿物之一，对土壤的物理性质有很大的影响。

2.2.2 正长石

正长石化学式为$K[AlSi_3O_8]$，又称钾长石，是钾的铝硅酸盐类矿物，晶体为短柱状，常具半明半暗的卡斯巴双晶或称穿插双晶，常见的颜色为肉红色，其次为褐黄色、浅黄色和白色等，玻璃光泽，硬度6，相对密度2.57，断口参差状，一组解理完全，一组解理中等，解理面互呈90°角，因而得名正长石（图2-6）。

图2-6 正长石

正长石广泛分布于浅色的岩浆岩中，如花岗岩、正长岩、斑岩等。在岩石中正长石多呈晶粒状，或呈矩形或正方形结晶断面，有时可见卡斯巴双晶，多肉红色，伴生矿物主要是石英、云母和角闪石。

正长石对风化的抵抗能力较弱，因为正长石的解理发达，同时具有双晶，容易崩解成碎块和碎粒，使正长石易发生化学风化。

正长石含钾量较高，平均为12%，在风化过程中释放出植物所需要的营养元素钾，是土壤中钾的重要来源之一，正长石经过化学风化后还可形成高岭石等次生黏土矿物。

2.2.3 斜长石

斜长石化学式为$Na[AlSi_3O_8]$-$Ca[Al_2Si_2O_8]$，是钙长石和钠长石的统称，晶体呈板状及板柱状，常具明暗相间的聚片双晶，解理中等完全，玻璃光泽，硬度6~6.5，常见颜色为白、灰白或淡蓝色（图2-7）。

图2-7 斜长石

斜长石主要分布在中偏基性及基性的岩浆岩中，如闪长岩、辉长岩及玢岩等。在岩石中斜长石多呈晶粒存在，玢岩中可见长条形的结晶断面,可见到聚片双晶,多呈白或灰白色,伴生矿物主要是角闪石和辉石。

斜长石也是解理较发达有时具有双晶的矿物,所以容易受物理的作用崩解成碎块和碎粒,从而促进了化学风化作用的进行。

在长石类中,根据其所含盐基的种类不同,各种长石的分解难易是有差异的,其中,钙质的(钙长石)分解得最快,钠质的(钠长石)次之,钾质的(即正长石)比较难分解。钾长石与斜长石的区别详见表2-3所列。

表 2-3 钾长石与斜长石的区别

物理性质	钾长石	斜长石
颜　色	肉红、灰黄	灰白、淡绿
结晶习性	长条状	厚板状
断　面	矩形、正方形	矩形
双　晶	卡氏双晶	聚片双晶
解　理	完全、阶梯状明显	完全、阶梯状不明显

2.2.4　白云母

白云母化学式为$K\{Al_2[AlSi_3O_{10}](OH)_2\}$,也称钾云母,单晶呈片状,富弹性,硬度2~3,颜色为无色或浅色,有时带绿色,珍珠光泽,相对密度2.8~3.1,呈透明至半透明状(图2-8)。

白云母广泛分布在花岗岩、片麻岩及片岩中。在岩石中白云母多呈轮廓较圆滑的片状,具明亮的珍珠光泽,硬度小,伴生矿物主要是石英。

白云母的平行片状方向具有一组极完全解理,容易沿解理剥成薄片,但化学风化非常困难。在高温多雨化学风化强烈的热带地区,白云母往往呈细薄片状混杂在土壤中,可使黏质土壤组成粗糙,有改善其物理性状的作用,白云母在化学风化过程中不断地释放钾素,是土壤中钾的重要来源之一。

图 2-8　白云母

2.2.5　黑云母

黑云母化学式$K\{(Mg,Fe)_3[AlSi_3O_{10}](OH)_2\}$,其片状解理极完全,其薄片富弹性,硬度2.5~3,相对密度2.8~3.2,呈黑色、深褐色或深棕色,珍珠光泽,不透明或半透明(图2-9)。

黑云母主要分布在花岗岩、正长岩、结晶片岩、片麻岩等岩石中,黑云母解理极发达,表面

图 2-9　黑云母

易呈薄片状崩解。黑云母很容易进行化学分解，特别是富含Fe^{2+}的黑云母分解就更迅速，在次生岩石中很少存在。黑云母在风化过程中形成的黏土矿物往往是伊利石或混层矿物。

2.2.6 角闪石

角闪石化学式为$Ca_2Na(Mg,Fe)_4(Al,Fe)[(Si,Al)_4O_{11}]_2[OH]_2$，角闪石类矿物，常呈长柱状或针状，晶形横断面呈六边形（似菱形），有平行柱面的二组中等至完全解理，交角分别为56°和124°，颜色为褐色或绿黑色，玻璃光泽，硬度5.5~6，相对密度3.02~3.45，条痕灰绿色，断口呈参差状（图2-10）。

角闪石主要分布在中性、酸性和基性的岩浆岩中。角闪石的伴生矿物主要是正长石、斜长石和辉石。角闪石在岩石中多呈纤维状和针状存在，长柱状的结晶很少见。

图2-10　角闪石

2.2.7 辉石

辉石化学式为$Ca(Mg,Fe^{2+},Fe^{3+},Ti,Al)[(Si,Al)_2O_6]$，短柱状晶体，集合体为中粒状，绿黑色，条痕浅绿色，玻璃光泽，硬度5~6，相对密度3.23~3.52，有平行柱面的二组中等解理，解理交角接近垂直，分别为87°和93°。辉石主要分布在基性、超基性的岩浆岩中，多呈晶粒状存在，是重要的造岩矿物（图2-11）。

角闪石和辉石比较：两者化学成分相似，辉石含Ca^{2+}多，而角闪石含有较多的Fe^{2+}。角闪石的稳定性比辉石稍大，这是结晶上的原因引起的，它们都属于易风化矿物，二者的区别详见表2-4所列。

角闪石在风化过程中，可形成绿泥石、绿帘石或方解石等次生矿物，最后变成富含铁的黏土、碳酸盐类物质及氧化铁等；辉石在风化过程中，可变成绿泥石，同时形成绿帘石、碳酸盐类物质和方解石等。辉绿岩、玄武岩等在风化中呈

图2-11　辉石

表2-4　角闪石和辉石的一般区别

名称	晶形	劈开角	颜色	岩石中的特征
角闪石	长柱状	56°和124°	绿黑色	长条状、纤维状、针状，伴生矿物为正长石、斜长石或辉石
辉石	短柱状	87°和93°	黑色 绿黑色	晶粒状，伴生矿物为斜长石或角闪石

绿色，就是因为产生了绿泥石。

2.2.8 高岭石

高岭石化学式为$Al_4[Si_4O_{10}][OH]_8$，属于层状构造的硅酸盐矿物，常见为隐晶质致密块状或土状集合体，白色或带浅红、浅绿等色，硬度2~3.5，相对密度2.6~2.63，具粗糙感，加水有可塑性，但不膨胀（图2-12）。

2.2.9 方解石

方解石（$CaCO_3$）晶体呈菱面体，集合体常呈块状、粒状、鲕状、钟乳状等，一般为无色或乳白色，无色透明者称冰洲石，具双折射现象，是重要的光学原料，但由于类质同象混入物（Mg、Fe、Mn等）的影响，呈灰、浅黄、浅红等颜色，其条痕为白色，如图2-13所示。方解石具玻璃光泽，硬度3，相对密度2.6~2.9，三组完全解理，遇盐酸发生急剧泡沫反应，释放出CO_2。

图 2-12 高岭石的土状集合体

图 2-13 方解石

方解石在自然界分布很广，是大理岩和石灰岩的主要造岩矿物，也是砂岩、砾岩的胶结物，在基性喷出岩的气孔中也可见到。方解石在岩石中主要呈隐晶质状态（如石灰岩），在重结晶作用比较好的岩石中可呈粒状晶体（如大理岩）。

2.2.10 白云石

白云石化学式为$CaMg[CO_3]_2$，晶面常为弯曲的马鞍状、粒状（图2-14）或致密块

图 2-14 白云石的粒装集合体及其晶体的马鞍状形态

状，颜色灰白有时微带黄褐等色，玻璃光泽，硬度3.5~4，三组完全解理。白云石遇稀HCl反应微弱，其粉末加HCl起泡沫反应，这是与方解石的重要区别之一。

方解石和白云石在纯水中是难溶解的，方解石对水的溶解不超过93mg/L，但水中含有碳酸时，其溶解度较纯水增加几十倍，如方解石的溶解度可达1000mg/L，白云石则为300mg/L，因此，它们的风化主要是通过碳酸化作用。方解石和白云石的主要成分为$CaCO_3$和$MgCO_3$，水解后形成CO_2气体和钙镁离子移出，而其中的铁、铝、硅酸盐等杂质残留下来，成为土壤的组成物质，二价铁离子（Fe^{2+}）氧化形成赤铁矿或褐铁矿，使土壤呈褐色。

2.2.11 磷灰石

磷灰石化学式为$Ca_5[PO_4]_3$（F，Cl，CO_3），晶体为六方柱状，集合体通常呈粒状、致密块状、土状、结核状等，有灰白、黄、绿、黄褐等色，晶体表面呈玻璃光泽，硬度5，相对密度2.9~3.21，解理不完全，断口呈参差状，将含钼酸铵的硝酸溶液滴在磷灰石上生成黄色沉淀，是鉴别磷灰石及岩石含磷的重要方法（图2-15）。

磷灰石在岩浆岩、变质岩中均以次要矿物存在，是土壤中磷的重要来源，也是提取磷元素、磷化合物及制造磷肥的重要原料。

磷灰石抵抗风化能力较强，且难溶于水，但在酸性土壤溶液或腐殖酸的作用下，其溶解度明显增加。

图 2-15　磷灰石

2.2.12 磁铁矿

磁铁矿（Fe_3O_4）常为致密粒状、块状集合体，偶呈立方体、八面体或菱形十二面体单晶，铁黑色，条痕黑色，半金属光泽至金属光泽，硬度5.5~6，相对密度4.9~5.2，无解理或解理不完全，具有强磁性（图2-16）。

图 2-16　磁铁矿

2.2.13 赤铁矿

赤铁矿（Fe_2O_3）常呈显晶质块状、鲕状、肾状集合体，晶体少见，赤红色，条痕樱红色，半金属光泽，硬度变化大，2.5~6不等，相对密度5~5.3，不透明，无解理，无磁性。赤铁矿是土壤中常见的矿物，容易转变为褐铁矿（图2-17）。

图 2-17　赤铁矿

2.2.14 褐铁矿

褐铁矿（$Fe_2O_3 \cdot nH_2O$）实际上是多种矿物的混合物，主要成分为含水的氢氧化铁，是胶体矿物，水的含量变化较大，常呈肾状、钟乳状、土块状、粉末状的集合体，浅褐到黑色，条痕褐色，半金属到土状光泽，硬度变化较大，块状褐铁矿4~4.5，风化后小于2，相对密度2.7~4.3（图2-18）。

铁矿类矿物在大气中或土层中，易被氧化，形成氧化物，进而变成氢氧化物，褐铁矿几乎是所有含铁矿物表生条件下变化的终极产物，因而它常与铁矿石共生，是金属矿矿化和找矿的标志。

图2-18　褐铁矿

拓展阅读

矿物资源在园林中的应用

在园林营造过程中，植物种植的土壤质量往往较差，需要在质地、肥力等方面进行改良，而一些天然矿物或矿物集合体（岩石）就可以用来生产肥料、农药、土壤改良剂等产品，目前可利用的矿物已多达几十种。以下从土壤改良、肥料生产等方面对部分矿物的特点和应用机理进行简单介绍。

（1）土壤改良剂

矿物岩石作为土壤改良剂，目前应用较多的有天然沸石、膨润土、方解石、黏土矿物、砂子、膨润土、蛭石和泥炭等，其应用机理是利用矿物岩石本身所具有的化学组分和结构特点改良土壤的理化性质和肥力基础。

（2）天然矿物肥料

矿物肥料是目前将天然矿产应用最成熟的方面。如用钾石盐、光卤石生产钾肥，或是以矿物为添加剂生产复混肥，如沸石等；另外，还可将矿物粉碎直接作为肥料使用，如磷灰石，其后效常高于其他化学磷肥，可持续向植物提供养分，而且天然矿物广泛的类质同象现象（即具有相似化学式的晶体具有相同晶形的现象），使矿物中含有除大量元素外的植物生长所必需的中量和微量元素。

（3）作物生长调节剂

植物生长调节剂主要来源于土壤中的腐殖酸，在泥炭、褐煤、风化煤中也存在着和土壤腐殖酸在结构、组成及对植物生长影响等方面类似的物质，如胡敏酸（HA）和富里酸（FA），能够增强植物抗逆性和生理活性。某些矿物中的微量元素，如沸石、海泡石等，也可对植物的生长起调节作用。

（4）矿物农药及农药载体

常用于农药生产的矿物原料有硫黄、雌黄、雄黄和磷灰石等。它们主要是作为生产农药的原料，有的甚至可以粉碎后直接作为农药使用，如硫黄、胆矾等；某些矿物因比表面积大、性质稳定、吸附性强等特点，也可用作农药载体，减缓药物释放速率，减少流失，保持药性持久，具有此类特性的矿物以层状和架状硅酸盐为主，如膨润土、滑石等。

小　结

地球上的各种岩石、矿石、土壤中的大部分物质都是由矿物组成的，所以要认识地球表层的物质组成及其演变过程，要先从了解矿物的基本性质开始。矿物是指在各种地质作用下形成的具有相对固定化学成分和物理性质的自然单质或化合物，多为晶质体。矿物的物理性质取决于矿物本身的化学性质和内部结构，它的物理性质是鉴别矿物的主要依据，本章重点介绍了矿物的颜色、条痕、透明度、光泽、解理、断口、硬度和相对密度等性质。

思考题

1. 名词解释：
矿物、晶体、原生矿物、次生矿物、解理、断口、条痕。
2. 下列物质哪些是矿物？
石英、磁铁矿、黄铜矿、煤、页岩、方解石、石盐、合成金刚石、冰糖、玻璃。
3. 矿物自色和他色的形成原理有何不同？
4. 试述如何区分方解石和石英石。
5. 试述如何区分正长石和斜长石。
6. 试述如何区分辉石和角闪石。

推荐阅读书目

世界矿物与宝石探寻鉴定百科. 约翰·范顿（John Farndon）. 马小皎，王皓宇，译. 机械工业出版社，2021.

第3章 岩石

自然界中各种各样的固体矿物很少单独存在，而是以一定的规律结合在一起。由天然产出的矿物和（或）其他天然物质（火山玻璃、生物残体、胶体等）组成的固态集合体称为岩石。有些岩石由一种矿物组成，如大理岩，常由单一矿物——方解石组成；而大多数岩石由2种以上的矿物组成，如花岗岩由长石、石英及云母等多种矿物聚集而成。

岩石可根据成因分为3大类，即由岩浆活动所形成的岩浆岩（火成岩）；由沉积—成岩作用所形成的沉积岩，以及通过变质作用形成的变质岩。这3类岩石在地表的分布面积以沉积岩为最广，占75%以上。若以地表以下16km厚度的地壳体积计算，沉积岩和由沉积岩变质的变质岩仅占地壳岩石总体积的5%。

土壤是由岩石经风化作用和成土作用形成的，母岩的矿物成分、结构、构造和风化特点与土壤的理化性质等有直接关系。

3.1 岩浆岩

3.1.1 岩浆活动及岩浆岩产状

岩浆是指形成于地壳深处和上地幔，成分以硅酸盐为主的含挥发成分气体和悬浮状晶体的高温黏稠的熔融体，位于地面以下几千米至几十千米的深处，尤其是软流圈位置。岩浆的成分包括了熔体、矿物晶体和挥发成分。岩浆的温度一般为700~1200℃，岩浆的压力大，可达几千个大气压。

由岩浆冷凝固结形成的岩石称为岩浆岩，又称火成岩。其物质成分主要是硅酸盐。岩浆岩与岩浆的区别有两点：一是物态不同，岩浆岩是凝固的固体，而岩浆是炽热的熔体；二是在成分上岩浆富含挥发成分，而岩浆岩几乎不含挥发性成分。

3.1.2 岩浆岩物质成分

3.1.2.1 岩浆岩化学成分

在岩浆岩中几乎包括了地壳中所有的元素，但它们的含量差异极大，含量最多的是O、Si、Al、Ca、Mg、Na、K、Ti等9种元素，其次是Mn、P、H、B等。这些元素占岩浆岩总质量的99%以上，其余的元素含量很少，其总量不超过1%。岩浆中的化学成分常以氧化物的形式表示，主要的氧化物为SiO_2、Al_2O_3、Fe_2O_3、FeO、CaO、MgO、MnO、Na_2O、K_2O、TiO_2、H_2O等，其中，SiO_2的含量最高，占比为35%~75%，少数可高达80%，它的含量是划分岩浆岩类型的重要依据（表3-1）。

表3-1　岩浆岩SiO_2含量与岩石化学及矿物组成的关系

岩石类型	代表岩石	SiO_2含量（%）	SiO_2饱和度	Fe_2O_3、FeO、MgO、CaO	Na_2O、K_2O	指示矿物	主要矿物
超基性岩	纯橄榄岩	<45	不饱和	多↓少	少↓多	橄榄石为主	橄榄石、辉石
基性岩	辉长岩	45~53				少量橄榄石	基性斜长石、辉石
中性岩	闪长岩—安山岩，正长岩—粗面岩	53~65	饱和			少量石英	角闪石、中性斜长石
							角闪石、正长石
酸性岩	花岗岩—流纹岩	>65	过饱和			有相当数量石英	石英、正长石

注：酸性只是岩石学中的习惯用语，反映硅酸根的相对含量，并不具有通常化学上的含义。此概念从化学观点来看是不科学的，但因沿用已久，故仍采用。

3.1.2.2 岩浆岩矿物组成

岩浆岩矿物成分是岩浆岩分类、鉴定和命名的主要根据，岩浆岩中常见的矿物不过20多种，且这些矿物在后述的沉积岩和变质岩中也常出现，因此，把这些矿物通称为造岩矿物。表3-1描述了不同岩浆岩类型的化学及矿物组成。按不同标准可将造岩矿物划分为以下类别：

（1）根据矿物颜色划分

①浅色矿物　即硅铝矿物或长英矿物。这类矿物富含SiO_2和Al_2O_3，其次是K_2O、Na_2O。不含铁镁或含量很少，主要为石英、长石类等。这些矿物颜色较浅，多为白色、

灰白色、肉红色等。

②暗色矿物 即铁镁矿物。这类矿物富含铁、镁成分，而SiO_2含量较低，主要为橄榄石、辉石、角闪石和黑云母等。矿物颜色较深暗，多为黑色、黑绿色等。

（2）根据岩石中含量多少划分

①主要矿物 岩石中含量多并决定岩石大类和命名的矿物，其含量一般大于10%，如花岗岩类的主要矿物为正长石和石英，缺少其一不能称作为花岗岩。

②次要矿物 在岩石中含量较少，不影响岩石大类的划分和定名。一般含量5%~10%，但可作为进一步划分岩石种属的依据。如石英在闪长岩中属于次要矿物，若闪长岩中石英含量达5%，则可称为石英闪长岩。

③副矿物 在岩石中含量最小，通常不到1%，偶尔可达5%，肉眼不易看见。常见的副矿物有磷灰石、磁铁矿、锆石等。在某一种岩石中副矿物可以有一种或几种。

（3）根据矿物成因划分

①原生矿物 岩浆冷凝结晶过程中所形成的矿物。如橄榄石、辉石、角闪石、长石、石英、云母等。

②次生矿物 已结晶矿物在表生风化作用和热液蚀变作用下发生变化形成的新矿物，如橄榄石变为蛇纹石；斜长石变成绿帘石；辉石、角闪石变为绿泥石；钾长石变成高岭石；铁镁矿物分解成铁的氧化物等。

3.1.2.3 岩浆岩造岩矿物结晶顺序

岩浆岩中各造岩矿物并非任意共生在一起，能否共生取决于岩浆的成分、造岩矿物的结晶温度和岩浆结晶的速率。1922年，美国科学家鲍文通过试验和野外现状观察提出岩浆中主要造岩矿物的结晶顺序及其共同关系的假说，称为鲍文反应序列（图3-1）。

由鲍文反应序列可知，岩浆岩中主要造岩矿物随着温度降低，高熔点的矿物先结晶，低熔点的矿物后结晶，且暗色矿物和浅色矿物分成2个系列结晶。

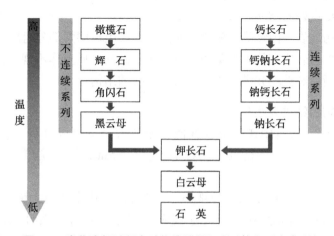

图 3-1 岩浆冷却过程中矿物的结晶顺序（鲍文反应序列）

左端暗色矿物为不连续反应系列。这系列矿物其结晶格架显著不同。首先是熔点高的橄榄石先结晶出来，若岩浆中SiO_2含量较低（不饱和），则铁镁成分与之组成SiO_2比例较小的橄榄石；如果岩浆中有足够的SiO_2，则铁镁成分就可以继续和SiO_2反应转变为辉石，甚至辉石还会转变为角闪石。所以橄榄石的出现是岩浆岩中SiO_2不饱和的表现；若SiO_2含量很高，除与其他成分反应生成各种硅酸盐矿物外，还有剩余的SiO_2，随着温度下降，游离态的SiO_2就结晶形成石英。因此，石英与橄榄石不能共生在一起。石英是岩浆岩中SiO_2过饱和的指示矿物。如含量适当（即饱和），又富含铁、镁则出现辉石和角闪石。橄榄石和石英这2种矿物具有指示岩石中SiO_2饱和度的作用，所以称为指示矿物。

右端浅色矿物为连续反应系列，所有矿物均为架状结构，只是在成分上逐渐过渡。其反应与暗色矿物系列相类似。基性斜长石含钙长石较多，需用SiO_2的比例也较少，逐渐冷却时，结晶析出的是含量较多的酸性斜长石，它含有SiO_2比例较高的钠长石。

如果2个反应系列结束后岩浆中仍有SiO_2剩余，会合并成一个不连续系列，可形成钾长石和白云母。在形成上述的硅酸盐矿物之后，岩浆中若还有富余的游离态SiO_2，则形成石英结晶，因此，石英的存在可指示岩浆岩硅酸过饱和。

3.1.3 岩浆岩结构和构造

3.1.3.1 结构

结构是指岩石中矿物的结晶程度、颗粒大小和矿物的自形程度，以及矿物间相互关系所表现出来的岩石特征。根据各要素区分的岩浆岩结构有以下几种主要类型：

（1）根据结晶程度分

根据岩石中结晶物质（矿物）与非结晶物质的相对量，可将岩浆岩结构区分为以下3大类：

①全晶质结构　岩石全部由结晶的矿物晶体组成，不含玻璃质。这类结构常是深成岩的特点，反映出良好的结晶条件。

②半晶质结构　岩石由结晶的矿物和非晶质的火山玻璃两部分组成。

③玻璃质结构　岩浆在快速冷却条件下来不及结晶，质点作不规则排列成为玻璃质结构。具贝壳状断口和玻璃光泽，为喷出岩所具有的结构。

（2）根据矿物的绝对大小分

①显晶质结构　岩石中矿物颗粒在肉眼或放大镜下可以分辨，按主要矿物颗粒的平均直径可进一步区分为粗粒（晶粒平均直径>5mm）、中粒（1~5mm）和细粒（0.2~1mm）3种。

②隐晶质结构　岩石中矿物颗粒细小（<0.2mm），肉眼或放大镜不能分辨其颗粒，只有显微镜才能鉴别，称隐晶质，多见于浅成岩和喷出岩。在肉眼下有时不易与玻璃质结构区别，隐晶质岩石并不会呈现出贝壳状断口和玻璃光泽，而多以瓷状断口为特征。

（3）根据矿物的相对大小分

①等粒结构　岩石中主要矿物的结晶颗粒大小大致相等。

②不等粒结构　岩石中晶体大小差别很大。一些较大的结晶颗粒分散在基质（隐晶质或玻璃质）当中，大的称为斑晶，小的称为基质（或石基），没有过渡大小的颗粒，称为斑状结构或似斑状结构。图3-2为岩浆岩常见结构。

全晶质等粒结构　　　　　　斑状结构　　　　　　隐晶质结构

图 3-2　岩浆岩常见结构

3.1.3.2　构造

岩浆岩的构造是指组成岩石的矿物及其集合体的排列、配置、充填方式，即它们在空间上的相互关系表现出的各种岩石特征。岩浆岩有以下4种常见构造（图3-3）。

①块状构造　组成岩石的矿物在整块岩石中分布均匀，无定向排列，也无特殊聚集现象，为侵入岩特别是深成岩所具有的构造。

②气孔和杏仁构造　岩浆喷出地面后由于压力突然降低，气体膨胀逸出，在岩石中形成了圆形、长条形、波浪形的空腔，在冷凝后保留下来的孔洞称为气孔构造。气孔如被后来的次生矿物（方解石、沸石、蛋白石等）填充时，则称为杏仁构造。是喷出岩中常见的构造。

③流纹构造　常见于酸性熔岩，由不同颜色的玻璃质、隐晶质物质与拉长的气孔不规则弯曲且相间排列构成的一种岩浆流动的构造类型。流纹表示当时熔岩流动的方向，这种构造仅出现在喷出岩中，流纹岩常具有这种构造。这种熔岩的构造因岩浆黏度大、流动性小而使其分布十分有限，或见于火山通道内，或见于火山口附近。

  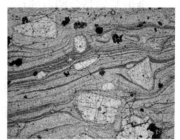

气孔构造　　　　　　　　杏仁构造　　　　　　　　流纹构造

图 3-3　岩浆岩常见构造

④柱状节理构造　陆相火山岩中常见的一种原生节理构造，为均匀的具有一定厚度的岩浆在地表定位后，缓慢冷却导致体积收缩，形成规则裂纹，裂纹逐渐向下发展形成垂直地面的柱体。柱体截面呈六边形，但也有五边形和四边形（图3-4）。柱状节理构造多见于厚层状玄武岩内。

图 3-4　玄武岩柱状节理

3.1.4　常见岩浆岩

岩浆岩的种类繁多，主要根据其化学成分、SiO_2含量百分比、矿物成分、岩石的产状，结构和构造进行分类。

3.1.4.1　超基性岩类

该类岩石的SiO_2含量极低（<45%），富含MgO和FeO。主要矿物为硅酸不饱和的橄榄石和硅酸饱和的辉石，其次为角闪石，浅色矿物很少，无石英，基本无长石。岩石颜色深暗，密度较大，致密块状结构。

（1）橄榄岩

橄榄岩主要由橄榄石和辉石组成，有时含少量角闪石、黑云母、铬铁矿等。颜色呈深绿色，全晶质自形-半自形等粒结构。暴露的橄榄岩易发生蚀变，蛇纹石化。

（2）金伯利岩

金伯利岩是金刚石的母岩，最早发现于南非金伯利。该岩石为灰色、灰黑色、灰绿色，斑状结构，基质为隐晶，斑晶多为自形。

3.1.4.2　基性岩类

本类岩石的化学成分特点是SiO_2含量占45%~53%，不含石英或石英含量极低。深色矿物与浅色矿物含量大致相等。岩石的颜色呈灰黑色。

（1）辉长岩

辉长岩由辉石和基性斜长石（二者比例近于1∶1）组成的深成岩。可含少量橄榄石和角闪石。粗粒到中粒结构，块状构造。颜色为黑色或黑灰色，肉眼可根据暗色矿物与闪长岩区别。常呈小规模深成侵入体或岩盘、岩床等形状产出。

（2）玄武岩

玄武岩是分布最广的喷出岩。矿物组成与辉长岩相类似，但结构构造有很大的差别。新鲜岩石多呈黑色、黑灰或暗褐色、暗红色或灰绿色。细粒至隐晶结构，可有玻璃和斑状结构。斑晶常为辉石、橄榄石和斜长石。多具气孔、杏仁构造。杏仁体多由方解石、蛋白石、绿泥石构成。具杏仁构造的玄武岩称作杏仁状玄武岩，具气孔构造叫作气孔状玄武岩，也有块状构造的玄武岩。

3.1.4.3 中性岩类

这一类岩石的SiO_2含量53%~65%，在矿物组成中不含或少含石英，暗色矿物约占30%，但不含橄榄石。

（1）闪长岩

闪长岩是一种深成岩，矿物成分主要为中性斜长石（65%~75%）和普通角闪石（25%~35%），两者比例约为2∶1，其次为辉石和黑云母，没有或有少量石英（5%以下）。闪长岩多为灰色、灰白色，这是浅色矿物含量高的缘故。常见中细粒结构，块状构造。闪长岩的分布较少，仅占岩浆岩总面积的2%。

（2）安山岩

安山岩是广泛分布的喷出岩，面积仅次于玄武岩，因盛产于南美安第斯山脉而得名。矿物成分与闪长岩相同。一般具有明显的斑状结构，斑晶主要是新鲜的中性斜长石，有时见有角闪石或黑云母的斑晶，斑晶常呈定向排列。基质通常为半晶质以至玻璃质，气孔和杏仁构造常见。浅色的安山岩通常具流纹结构。新鲜岩石多呈红褐色、浅紫色、淡绿色甚至黑绿色，经过次生变化，斜长石常变为绿泥石、绿帘石，失去光泽，使颜色变绿。

3.1.4.4 酸性岩类

这类岩石的化学成分特点是SiO_2含量很高，一般已超过65%。过饱和的SiO_2结晶形成石英（含量>20%）。钾、钠质含量较多，而铁、镁氧化物含量较少，故以浅色矿物为主，其中长石类矿物含量较多（主要是钾长石，达60%以上）。深色矿物主要是黑云母与角闪石，含量较少（10%以下）。由于酸性熔岩流的黏度较大，在喷出岩中常见到玻璃质。这类岩石在地表出露的数量很多，分布最广的是以花岗岩为代表的深成侵入岩。最主要的岩石有：

（1）花岗岩

深层岩，浅色矿物含量达85%以上，其中主要矿物是石英（20%以上），钾长石的酸性斜长石，钾长石和斜长石可以具任何比例，该岩石实际上是碱长正长花岗岩、正长花岗岩、二长花岗岩、花岗闪长岩和斜长花岗岩5种岩石的总称。暗色矿物以黑云母为主，等粒结构。岩石属浅色，一般是灰白色（斜长石含量高）、肉红色（钾长石含量高）。深色矿物多呈深灰色，有时钾长石斑晶很大，形成似斑状结构，称为斑状花岗岩。

（2）流纹岩

化学成分与花岗岩相当的酸性喷出岩，由于成岩岩浆黏度大而流动性小，分布有限，仅见于火山口附近。但结构不同，常具斑状结构。斑晶由较小的石英和透长石组成，有时为黑云母或角闪石。基质多隐晶质和玻璃质，具明显的流纹构造或条带状，它是在半凝固流动过程中，不同颜色矿物晶体和玻璃质成分及被拉长的气孔呈平行条带方向排列，所以具红、灰色不同色调相间的流动构造的条纹。也有气孔和杏仁构造，但一般气孔和杏仁体的量比基性喷出岩要少。岩石颜色一般呈浅灰、砖红、粉红、灰白或黑色。

3.1.4.5 火山碎屑岩类

火山碎屑岩是由于火山喷发所产生的各种碎屑经过短距离搬运、堆积后进而发生压结、胶结和熔结等成岩作用形成的岩石。火山碎屑岩是介于喷出岩和沉积岩之间的过渡类型。

凝灰岩是火山碎屑岩的常见种类，主要由火山灰堆积而成，分选性较差，层理构造一般不明显，组成岩石的碎屑较细，多具棱角，且直径小于2mm的碎屑占50%以上，其成分多为火山玻璃、矿物晶屑和岩屑，以及火山灰的次生变化产物（蒙脱石、绿泥石、沸石等）。凝灰岩成分变化较大，因其粒度较细，孔隙度高，颗粒表面积大，以及碎屑不稳定，容易发生次生变化。基性凝灰岩分解后产生绿泥石、方解石、高岭石、蒙脱石等次生矿物。岩石颜色多呈灰白、灰色、也有黄色和黑红色等。

3.2 沉积岩

3.2.1 沉积岩概念

沉积岩是指在地表和地下不太深的地方，在表生的常温常压下，由母岩风化、生物作用和某些火山作用产生的物质，经过搬运、沉积和成岩等作用形成的岩石。沉积岩的物质来源包括母岩风化、生物骨骼、火山物质和宇宙物质，其中以母岩风化最为重要，母岩可以是各种岩浆岩、变质岩和早期形成的沉积岩。

地球上广泛分布这种已成岩的沉积岩及尚未完全固结的沉积物，它们在岩石圈中的体积占比仅为5%，但其分布面积却占到了大陆面积的75%，而且大洋底部几乎全被沉积物覆盖。

3.2.2 沉积岩形成过程

形成和堆积成层状沉积物的作用称为沉积作用。松散、富含水分的沉积物需要经过一系列的地质过程才能固结形成沉积岩，这些过程统称为成岩作用，成岩作用包括压固作用、胶结作用和重结晶作用。

（1）压固作用

因上覆物质的静压力而使松散沉积物体积缩小、含水量降低和密度增加的作用称为压固作用，沉积物的孔隙度变化是压固作用程度的标志。压固作用还有助于片状、柱状矿物的定向排列，在黏土沉积物的成岩过程中表现最为明显，如页岩的页理就是黏土矿物定向排列所致，粉砂岩中的页理则是白云母定向排列的缘故。

（2）胶结作用

在碎屑物质沉积之后，溶于水中的物质或由水带来的物质充填在沉积物的孔隙之中，将松散的碎屑黏结在一起，称为胶结作用，类似于建筑混凝土中的水泥将碎石骨料黏结起来。胶结作用是碎屑沉积物成岩的重要环节。常见的胶结物有钙质和白云质（碳酸盐矿物）、硅质（玉髓和蛋白石）、铁质（赤铁矿和褐铁矿）、泥质和碳质等。胶结物的种类影响岩石的硬度和颜色等性质。

（3）重结晶作用

矿物组分因溶解、迁移、扩散并在异地沉淀而重新排列组合，使其同种矿物晶粒增大的过程称为重结晶作用。重结晶作用与原矿物的溶解度有关，溶解度大的矿物易发生重结晶；也与矿物的分子体积和结晶能力有关，分子体积小和结晶能力强的矿物易发生重结晶。胶体的老化作用也是一种重结晶现象，如蛋白石（$SiO_2 \cdot nH_2O$）转变为玉髓和石英（SiO_2）。重结晶作用是化学沉积岩和生物化学沉积岩成岩的主要方式。

3.2.3 沉积岩物质成分

沉积岩中发现的矿物已逾160种，但最常见的矿物不到20种。在一种岩石中所见到的主要矿物通常不超过6种，甚至只有1~2种。沉积岩的矿物成分与岩浆岩相比显著不同：一些形成于高温高压的造岩矿物，如橄榄石、辉石、角闪石、黑云母等，在表生条件下是不稳定的，在沉积岩中含量不高，甚至缺失；而在岩浆结晶晚期形成的钾长石、石英等矿物，表生条件下稳定性高，一般以碎屑矿物的形式出现在沉积岩中；在沉积过程中形成一些新的矿物，如黏土矿物、碳酸盐类矿物、盐类矿物等，它们在沉积岩中含量极高，而岩浆岩中少有。组成沉积岩的主要矿物类型如下：

（1）陆源碎屑矿物

从母岩中继承下来的部分矿物，主要有石英、正长石、白云母及岩屑等。

（2）自生矿物

沉积过程中，母岩分解出的化学物质沉积形成的矿物及成岩作用过程中形成的矿物。主要有方解石、白云石、菱铁矿和天然碱等碳酸盐矿物，石膏、芒硝等硫酸盐类矿物，以及铝、铁、锰、硅的氧化物和钠、钾的卤化物（如岩盐、钾盐等）。

（3）次生矿物

沉积岩受到风化作用形成的矿物，有高岭石、微晶高岭石、伊利石等。

3.2.4 沉积岩颜色

沉积岩的颜色主要取决于组成岩石的矿物颜色、混入杂质的颜色，以及沉积物的生成环境和岩石的风化程度。

根据颜色的成因可分为3类，即继承色、自生色和次生色。继承色取决于碎屑物质的颜色，常为碎屑岩特有；自生色取决于沉积物堆积过程中及成岩作用形成的自生矿物；次生色是表生作用阶段和风化过程中形成的。

大部分沉积岩的颜色都是由色素造成的，一般色素含量仅为百分之几，甚至更低，但其对岩石颜色的影响极为显著。常见的色素物质有有机质和铁质，当岩石中不含铁、锰化合物和有机物时，多呈白色；含有碳质和硫化铁时，多呈灰色或黑色；含有Fe_2O_3者呈红色；含有$Fe_2O_3 \cdot nH_2O$者呈褐色或黄色；含有亚铁化合物者呈绿色；含锰可呈紫色。

3.2.5 沉积岩结构和构造

3.2.5.1 沉积岩结构

沉积岩的结构是指岩石的各种组分的形状、大小、结晶程度及其颗粒之间的相互关系。组成沉积岩的组分包括4大部分：颗粒、胶结物、基质和孔隙。

颗粒可以是矿物，也可以是岩石，常见的颗粒包括石英、长石、云母和岩石碎屑等。颗粒的大小称为粒度，以其直径来计量，为了研究方便，将粒度划分为砾、砂、粉砂、泥等级别，其中，砾和砂还可进一步细分（表3-2）。

表 3-2 沉积物碎屑的粒径划分　　　mm

名称	类别	粒径	名称	类别	粒径	名称	类别	粒径	名称	粒径
砾	巨砾	>200	砂	巨粒砂	2~1	粉砂	粗粉砂	0.05~0.01	黏土	<0.005
	粗砾	200~50		粗粒砂	1~0.5					
	中砾	50~4		中粒砂	0.5~0.25		细粉砂	0.01~0.005		
	细砾	4~2		细粒砂	0.25~0.05					

另外，根据碎屑颗粒在沉积过程中被磨蚀圆化的程度，可分为棱角状、次圆状和圆状，具体形状取决于颗粒本身的硬度、密度、大小，还有搬运的时间和距离等因素。

此外，在碳酸盐类岩石中，如石灰岩按照其结晶情况可分为结晶粒状及致密状（隐晶）结构，称为化学结构，是通过化学或生物作用从溶液中结晶的矿物颗粒形成的岩石结构。

3.2.5.2 沉积岩构造

沉积岩的构造是指岩石各个组成部分的空间分布和排列方式，是沉积岩最显著的特征之一，是研究沉积环境的重要依据。

（1）岩层

岩层是组成沉积岩地层的基本单位，其成分、结构、内部构造和颜色基本均一或相同，其上、下由明显的层面与邻层分开且彼此间有天然分界。

（2）层理

层理是沉积岩的物质成分、颜色、结构沿垂直于层面的方向上变化而显示的规律性组合形式。层理构造包括水平层理、斜交层理、波状层理、交错层理等（图3-5）。

水平层理　　　　　　　　斜交层理　　　　　　　　波状层理

图 3-5　沉积岩构造——层理

（3）层面

层面构造是指机械运动或生物活动在未固结的沉积岩层面上保留下来的痕迹。主要的层面构造有波痕、泥裂、雨痕、足迹、生物化石的定向排列等（图3-6）。

波痕　　　　　　　　　　　　泥裂

图 3-6　沉积岩构造——层面构造

3.2.6 主要沉积岩

（1）砾岩

由直径大于2mm的陆源碎屑组成且其含量大于50%的沉积岩称为砾岩，其中，砾石的粒度变化范围较大。依照砾岩中砾石的磨圆度可分为砾岩和角砾岩。砾石的孔隙多为砂粒和基质充填，化学胶结物相对较少。胶结物类型主要包括钙质、硅质、铁质、黏土质等。

（2）砂岩

沉积的砂粒（0.05~2mm）经过胶结形成的岩石为砂岩。砂岩是一种分布很广的岩石，约占沉积岩总量的1/3。砂岩按粒度的大小不同，可以分为粗砂岩（50%以上的碎屑直径为0.5~2mm）、中砂岩（50%以上的碎屑直径为0.25~0.5mm）及细砂岩（50%以上的碎屑直径为0.25~0.1mm）。

砂岩的碎屑成分主要是石英、长石和岩屑。石英是大多数砂岩中最主要的碎屑，是最稳定的组分，而长石和岩屑在表生条件下易被破坏。砂岩中的颗粒主要是石英时，称为石英砂岩。有时也可以为长石颗粒，这时称为长石砂岩。

砂岩经过风化崩解之后，石英颗粒残留在土壤中，砂岩风化后所形成的土壤一般是砂壤土。土壤的物理性状良好，但养分比较缺乏，尤其缺磷。砂岩土壤养分贫乏的重要原因在于作为土壤养分来源的只是其胶结物，以及为数较少的除石英以外的一些碎屑物质，如长石、云母及一些黏土矿物等。

（3）页岩

页岩具有致密状泥质结构，呈页片状或层状构造，由泥质沉积物经成岩作用后固结而成。矿物成分一般比较复杂，黏土矿物中的高岭石、微晶高岭石、拜来石等均可出现。碎屑成分主要有长石、石英、云母、泥绿石等矿物，但由于矿物颗粒太小，肉眼无法鉴别。页岩颜色多为灰色、红色、黄色、黑色等。

（4）石灰岩

石灰岩可由化学沉积或生物沉积作用形成，组成矿物为方解石。石灰岩呈块状构造，岩体层理明显。方解石结晶颗粒甚微小，肉眼无法辨出，故多呈致密状结构，粒状者少见，硬度小，遇稀盐酸发生泡沫反应，颜色呈灰、黄、黑等色。如含硅质多时，称为硅质石灰岩，含黏土多时称为泥灰岩。石灰岩受轻度变质作用，方解石有重新结晶现象，粒状结构较明显，但颜色无大变化者，称为结晶石灰岩。

（5）白云岩

白云岩是由含有碳酸钙和碳酸镁成分的白云石（含量大于50%）形成的岩石，与石灰岩相似，颜色为灰白色，也可以有其他颜色，所不同者是白云岩加稀盐酸起泡沫反应很微弱，但其粉末加稀盐酸则起泡明显。白云岩较石灰岩风化缓慢，也比石灰岩形成的土层浅薄，土壤中残留的镁较多，而镁过多会阻碍植物的生长发育。

3.3 变质岩

3.3.1 变质作用及其影响因素

地壳中原有的岩石（岩浆岩、沉积岩和变质岩）在构造运动、岩浆活动或地壳内热变化等内动力影响下，发生矿物成分和结构构造的变化，这种变化总称变质作用。经过变质作用所形成的新岩石，称为变质岩。变质岩于地表下形成，它的总体积占地壳的27.4%，但因只有地壳抬升后才能露出地表，仅占岩石出露面积的4%。

使岩石发生变质的主要外部因素是：温度、压力、化学活动性流体和变质时间。

3.3.2 变质岩矿物组成

变质岩的矿物组成是比较复杂的，有许多与岩浆岩相似，如石英、长石、辉石、角闪石、云母等。但有出现一些矿物是岩浆岩及沉积岩中很少见到的，甚至是完全没有的，这种矿物称为特征变质矿物，如石榴子石、硅灰石、重晶石、红柱石、绿泥石、绿帘石等。有些矿物在岩浆岩中只作为少量的次生矿物出现，而在变质岩中可以大量出现，如碳酸盐类矿物、绿泥石、绿帘石、绢云母等。

3.3.3 变质岩结构

变质岩的结构比较复杂，除了变质结晶作用形成的结构外，还包括原岩中因变质不彻底而保留下来的原岩结构，除此之外，因岩石变形产生的结构和变质矿物被交代形成的结构也是变质岩的重要组成部分。所以，根据变质作用进行的方式，可将结构分为变晶结构、变余结构、变形结构和交代结构。这里只介绍最常见的变晶结构和变余结构。

（1）变晶结构

在岩石在变质过程中，经过重结晶作用所形成的结构，均属变晶结构，变晶结构是变质岩中最常见的结构。如沉积岩发生变质时，其物质成分经过重结晶产生新矿物，矿物粒径有时也变大，其所形成的结构就称为变晶结构。

（2）变余结构

由于变质作用进行得不彻底，原来岩石的矿物成分和结构特征被部分地保留下来而形成的结构统称为变余结构。变余结构常见于变质程度较浅的变质岩中，但在较深程度的变质岩中，当温度和压力分布不均时局部也会出现变余结构。

3.3.4 变质岩构造

变质岩的构造是岩石更宏观的特征，它主要指变质岩中各组分在空间上的排列、分布和聚集方式。变质岩常见构造有以下5种（图3-7）。

(1) 块状构造

岩石中的矿物成分都没有定向排列，且各部分在矿物成分及结构上都是相同的均一的，因而形成不规整的块体，如石英岩。

(2) 板状构造

在应力作用下泥质或硅质岩出现的一组相互平行的劈理面，使岩石沿劈理面形成板状。劈理面平整光滑，有微弱的丝绢光泽。板状构造为板岩所特有（图3-7a）。

(3) 千枚状构造

岩石中各组分已基本重结晶但仍为隐晶质，矿物已初步定向排列，但结晶程度较低，肉眼尚不能分辨矿物颗粒，在岩石片理面上有强烈的丝绢光泽，通常在片理面上还有许多小皱纹（图3-7b）。

(4) 片状构造

片状构造是变质岩中最典型最常见的构造，是岩石中所含的大量片状、纤维状、柱状、板状矿物都呈定向排列，并彼此相连，因而岩石很容易沿片理劈开（图3-7c）。

(5) 片麻状构造

岩石中以粒状矿物为主，片状矿物和柱状矿物呈断续的定向排列，是因为片、柱状矿物含量较少，彼此之间不相连，被很多粒状矿物（如长石、石英等）所隔开，如片麻岩（图3-7d）。

a. 板状结构　　　　b. 千枚状构造　　　　c. 片状构造　　　　d. 片麻状构造

图3-7　变质岩常见构造

3.3.5　主要变质岩

(1) 板岩

泥岩、粉砂岩及其他细粒碎屑沉积物的变质产物，是具有板状结构的浅变质岩。板岩具有完整的成面片状劈开，呈平坦的似板状平面。板岩由细小的云母、绿泥石、石英等矿物组成，颜色多为青灰色。板岩因具有板状结构，可沿着劈理面成片剥离，可用作房瓦、铺路等建筑材料。

(2) 千枚岩

千枚岩多呈绿色、淡红色、灰色及黑色，片理发达，片理面具有由绢云母和绿泥石等矿物造成的丝绢光泽，同时片理面细腻稍呈弯曲状。有时可见云母小片或红柱石、石榴石的小斑点。千枚岩的成因与板岩相同，变质程度较板岩更深。

（3）片岩

片岩是分布极广泛的一类显晶质变质岩，可以由各种岩石（超基性岩、基性岩、凝灰岩、砂岩、泥岩等）在高温高压下变质而成；也可以是千枚岩进一步变质，矿物结晶而成。片岩的特征是具有显著的片状构造，片理面常呈皱纹状、粗糙，以致在标本中常可鉴别出主要的组成矿物，如小云母片等，片理面也显光泽性。按其主要成分可分为石英片岩、云母片岩、滑石片岩、绿泥石片岩、角闪石片岩等。片岩中一般不含或很少含长石。

（4）片麻岩

片麻岩是一种受到变质作用较深的、具有典型的片麻状构造的岩石。它可以由各种岩石变质而成。片麻岩大多数是由石英、长石、云母及角闪石等矿物组成，长石和石英的含量大于50%。这些矿物在片麻岩中的排列是有一定方向性的，暗色矿物在岩石中常呈带状，不像在花岗岩及闪长岩中那样紊乱，而是有层状的特征，即片麻状构造。

（5）大理岩

大理岩是碳酸盐类岩石（石灰岩和白云岩）在高温或高压下经过重结晶作用所形成的变质岩，碳酸盐矿物含量大于50%。大理岩一般是由粒状变晶结构的方解石颗粒构成的，也可以由白云石组成，有时还杂有少量硅酸盐类矿物，如石英、角闪石和辉石等。由方解石组成的称为方解石大理岩，由白云石组成的称为白云石大理岩。石灰岩经变质作用后，必须发生变质现象才能称为大理岩。如只发生重结晶而无明显褪色者，则称为结晶灰岩。大理岩的硬度小，含方解石者遇稀盐酸起强泡沫反应，含白云石者遇浓盐酸起泡沫反应。

（6）石英岩

砂岩（主要是石英砂岩）在充分热力和压力的作用下，经过重结晶变质而成的岩石，石英含量一般大于85%。其中石英粒可被挤压呈交错透入状态，或以石英粒边缘之熔解，以后又相互融合在一起，好像石英粒为硅质所胶结。石英岩硬度大，因其主要由石英组成，一般为乳白色，如含少量氧化铁呈红色或褐色等。石英岩分布广泛，是优良的建筑材料和制造玻璃的原料。

3.4 岩石风化

3.4.1 风化作用

在温度变化、水分、空气和生物等物理和化学作用下，地表或近地表的岩石逐渐被破坏（崩解和分解）变为疏松物质，这一过程就是风化过程。受外力影响引起岩石破碎和分解的作用称为风化作用。风化作用之后，残留在原地的堆积物称为残积物，被风化的岩石圈表层称为风化壳。

根据外界因素对岩石作用的性质，可将风化作用分为物理风化作用、化学风化作用和生物风化作用3种类型。在自然界这3种作用类型紧密联系，交织进行，很难区分。从幼年土壤形成来看，风化过程先产生形成原始土壤的母质，进而形成土壤。风化过程实质上是成土过程的一部分。

3.4.1.1 物理风化作用

物理风化作用是指岩石在物理因素作用下，逐渐崩解破碎，明显改变了岩石的大小形状，而其矿物组成和化学成分并未改变，岩石获得了通气透水的性质。影响物理风化作用的因素主要是温度、水分结冰、碎石劈裂、盐晶、风力、水流及冰川的摩擦力等。物理风化的结果是形成各种碎屑物质。引起物理风化最主要的形式如下：

（1）温度变化

一方面，岩石是热的不良导体，温度昼夜变化使岩石内外产生膨胀和收缩不一致，便产生风化裂隙；另一方面，各种矿物颗粒的颜色深浅、膨胀系数、比热容等性质不同，导致温度变化时颗粒之间的胀缩有差异，导致岩石崩解。如石英的热膨胀系数（温度上升1℃，体积增大的倍数）为31×10^{-6}，而正长石是17×10^{-6}，普通角闪石为28.4×10^{-6}，所以会在矿物之间的接触面上产生张力，岩石产生裂隙和崩解。

（2）冻融作用

水可侵入岩石的缝隙中，结冰时体积增大1/11，对岩石四壁的压力可达9414.4kPa，从而引起岩石破裂。如此反复冻融，水像楔子一样使岩石崩解，所以冻融作用也称冰劈作用。温度在0℃左右定期波动的地区，冻融作用极其显著，如温带气候的高山地区和极地地区。

（3）盐类生长

含有溶解盐类的海水、地下水或是其他水体会进入岩石的裂隙中，通过反复的结晶和潮解，使岩石崩解。在干旱沙漠地区的岩石裂隙中，白天因盐类结晶而产生胀裂作用，但是到了夜间，裂隙中的盐从大气中吸收水分而潮解，盐溶液又渗入新的裂隙中去，如此反复导致岩石崩解。

物理风化作用，使岩石碎屑越来越小，温度趋于一致，物理状况趋于稳定。当岩石破碎到小于0.01mm时，物理风化作用明显减缓；初具较好的通透条件，更有利于化学风化作用的进行。

3.4.1.2 化学风化作用

化学风化作用是指岩石在水、氧和溶于水的各种酸的参与下，发生化学分解的风化作用。化学风化作用包括溶解作用、水化作用、水解作用、氧化作用等。这些化学反应往往以复合交替的形式进行，产生新的矿物和黏粒。

（1）溶解作用

岩石中的矿物都是无机盐，尽管它们的溶解度不大，但是在很长的地质年代中，水对矿物的溶解量是相当大的,据估算,地球上每年由河流带入海洋的溶解盐类多达 4×10^9 kg。矿物的溶解度主要由其构成元素的电价、离子半径、化学键类型等因素决定,同时也受到外界环境的影响,如温度、压力、pH值等。

(2) 水化作用

无水矿物与水接触后,生成含水矿物的作用称为水化作用。岩石中有许多矿物能与水合成为一种含水矿物。水化的矿物硬度降低,体积增大,密度减小,溶解度增加。同时,由于自身体积的膨胀,会对围岩产生巨大的压力,促进了岩石的物理风化。

$$CaSO_4 + 2H_2O \longrightarrow CaSO_4 \cdot 2H_2O$$
（硬石膏） （结晶石膏）

$$2Fe_2O_3 + 3H_2O \longrightarrow 2Fe_2O_3 \cdot 3H_2O$$
（赤铁矿） （褐铁矿）

(3) 水解作用

这是化学风化过程中最基本的最重要的环节。当水分子（H_2O）进行解离时,形成H^+和OH^-离子,其中,H^+离子与矿物中的金属离子起置换作用,生成可溶性盐类,这就是水解作用。影响水的电离平衡有2大因素:首先,温度升高使水解平衡向右移动,因此,此作用在高温多雨的热带比寒冷的北方更强;其次,水中含有CO_2和酸性物质时,解离的H^+离子增多,提高了H^+离子的浓度,因而加强了水解作用。由于生物学过程能增加CO_2含量,生物活动对水解作用有较大的影响。

正长石水解过程中,由于碳酸和有机酸的参与,可生成高岭石:

$$4K[AlSi_3O_8] + 4CO_3 + 6H_2O \longrightarrow 4KHCO_3 + Al_4[Si_4O_{10}](OH)_8 + 8SiO_2$$
（正长石） （高岭石）

水解的结果引起了矿物的分解,矿物中易溶的金属阳离子（如Li^+、K^+、Na^+、Ca^{2+}、Mg^{2+}）溶于水而被带走,部分金属阳离子可被胶体吸附,水中的H^+与铝硅酸络阴离子结合成难溶的黏土矿物（如水云母、伊利石、蒙脱石、高岭石）而残存在风化地区。

(4) 氧化作用

空气和水中的游离氧促使矿物发生氧化作用,使母岩中的变价元素由低价态变为高价态。在潮湿的空气中,氧的氧化作用很强。含铁、硫的矿物,普遍进行着氧化过程。如黄铁矿氧化过程的第一阶段:

$$2FeS_2 + 7O_2 + 2H_2O \longrightarrow 2FeSO_4 + 2H_2SO_4$$

黄铁矿在氧化作用下首先形成硫酸亚铁（$FeSO_4$）和硫酸（H_2SO_4）,H_2SO_4又大大加速了风化进程,促使矿物分解。$FeSO_4$在氧和水的作用下进一步转化为硫酸铁$[Fe_2(SO_4)_3]$,最终形成褐铁矿（铁的含水化合物）。

3.4.1.3 生物风化作用

生物风化作用是指岩石、矿物在生物影响下所引起的破坏作用。生物对岩石矿物的破坏，一是机械破碎，二是生物化学分解。

低等植物（如地衣）对岩石穿插，化学溶解作用极强；菌丝体可深入岩石内数毫米，甚至连最难风化的石英也会呈鳞片状脱落。岩石裂隙中的林木根系，对岩石有较强的挤压力。土壤动物、昆虫对岩石有机械搬运破碎作用；微生物和植物根系分泌酸类物质，促进岩石的化学分解作用；各种生物的死亡残体腐烂分解，产生各种有机和无机酸，加速了化学风化的进程。生物参与了风化作用，不仅使岩石破碎、分解，而且还能积累养分，创造有机质，增强土壤肥力。任何地区土壤的形成，都不可能在没有生物参加的条件下完成。

3种风化作用相互联系，相互促进和影响，综合进行，只是在不同的条件下，各种风化作用强弱有别。

3.4.2 风化作用影响因素

3.4.2.1 气候条件

在有充分时间的前提下，气候条件比任何其他因素更能控制风化类型和速度。气候是通过气温、降雨及生物繁殖状况而表现的。气温对岩石的机械破坏、各种化学风化速度、生物界面的特征都有重大影响；降雨量的多少直接关系到水在风化作用中的活跃程度，直接或间接影响岩石风化速度；生物繁殖状况直接关系到生物风化的进行。气候明显受到纬度、地势、距离海洋远近等因素控制，而且在不同气候带上，岩石风化的特点显著不同。例如，在雨量稀少的情况下，物理风化过程占优势，产生大量碎屑物质，但是化学风化及生物风化作用较弱，风化产物中黏土很少。雨量较多，则同时促进物理风化和化学风化，结果产生次生矿物和各种可溶性盐类。在温暖湿润地区，化学风化导致合成较多的次生铝硅酸盐类（黏土矿物）。在潮湿的热带地区，风化作用强度更大，速率更快，残留的风化物则以含水氧化铁、铝占优势，即使一些原本稳定性较高的矿物（如钾长石等），也可在该地带强烈风化作用下被分解。由于气候的不同所造成的水热状况的差异，必然会出现与之相适应的植被类型，并呈现地理分布的规律性。这样，气候在很大程度上制约着植被类型，从而间接地通过影响生物化学反应影响到矿物的风化，以致进一步影响到土壤化学元素性质。如某些针叶林下的土壤，酸性反应就比一些草原或落叶阔叶林下的土壤更强。

3.4.2.2 岩石物质成分

岩石的物质成分不但影响化学风化过程，也同样影响物理风化过程，岩石中不同物质的物理特征，还会形成不同的结构和构造，引起差异风化。

矿物晶格构造的稳定性和其风化难易程度有很大关系。例如，橄榄石虽然硬度大，但化学性质极不稳定，晶格中的Fe^{2+}极易氧化，导致晶格破坏；与之相反，白云母虽然硬度小，但是晶格中的阳离子为Al^{3+}，无氧化作用影响，所以难以风化。

矿物成分不同，其颜色、导热率、膨胀系数也有差异。均质的岩石较非均质岩石更抗风化,如花岗岩就比石英砂岩容易风化,它们出现在同一地区时,正地形位置露出的总是石英砂岩。对于岩浆岩来说,基性岩含有较多的暗色矿物,颜色较深,岩石内部不同的矿物热胀冷缩不均,且含有较多的低价Fe、Mg、Ca的硅酸盐,一般来说比酸性岩容易风化。

3.4.2.3 岩石结构构造

岩石的结构有晶质与非晶质、等粒与不等粒、细粒和粗粒之分,通常情况下,粗粒岩石往往比细粒岩石更容易风化,结晶岩又比非晶质岩石容易风化。成分相同的岩石,矿物颗粒细小且呈等粒状结构的岩石,比粗粒和斑状的岩石耐风化程度强,因为前者在温度变化时产生的不均匀膨胀相对较小。

岩石中一些原生和次生的构造同样会影响风化作用的进程,形成一些特殊的风化地貌。岩石遭受强烈的地壳运动后会出现大量不同方向、不同深浅的节理,使岩石产生裂隙,促进岩石风化,而在岩石节理密集处,往往风化最剧烈。如几组节理将岩石分割成多面体的小块,小岩块的棱和隅角与外界接触面积增大,风化程度加深,久之棱角消失变成球形,这种现象称球状风化。

3.4.3 风化作用产物

母岩经风化作用后,虽然发生了分解破坏,但组成母岩的物质成分并没有消失,而是进行分配和再组合后以其他形式存在。出露于陆地上的物质遭受风化和侵蚀作用而形成的产物,称为陆源物质。地表上的风化产物是风化层的重要组成部分,而大部分地区的风化层都出现在基岩的顶部。母岩风化后形成的产物按其性质可以分为以下3种:

(1) 碎屑物质

母岩机械破碎的产物,包括各种岩石碎屑和石英、云母、长石等矿物碎屑。

(2) 新生物质

新生物质是母岩在分解过程中新生成的矿物,主要是黏土矿物,其次是氧化硅矿物、氧化铝矿物和氧化铁矿物。它们是化学风化的产物、原生铝硅酸盐的阶段风化产物、生物风化产物等,是土壤矿质胶体的主要组成成分。细微颗粒具有较大表面积和表面能,初具黏结性、吸附能力、毛管现象,有一定的养分水分保蓄性。不同风化程度的母质,对土壤影响较大。

(3) 溶解物质

在化学风化过程中,母岩中活性较大的金属元素(如K、Na、Ca、Mg等)分解出来溶于水,呈离子状态,溶解度低的Al、Si、Fe等氧化物和Fe、Al氢氧化物则多为胶体溶液。经化学风化作用产生的简单盐类,如K_2CO_3、$Ca(H_2PO_4)_2$等,是植物营养的最初来源。随着风化程度的深化,岩石营养不断释放,也会随水淋失或被土壤所保持。

拓展阅读

园林常见石材种类

（1）花岗岩

花岗岩为深成的酸性岩浆岩，质地坚硬、耐磨、耐压、耐火、耐酸、耐碱及腐蚀气体侵蚀。常见国产花岗岩按花色可分为红、黑、绿、灰、白、黄6大系列（图3-8），最常见的颜色为灰白和肉红色，也有少部分纯色花岗岩。花岗岩花色均匀，可拼性强，使用范围较广，可进行园林景观墙及路面的铺设，也可用作雕塑石材等。

图3-8　常见花岗岩花色种类

（2）砂岩

砂岩是一种沉积岩，主要由砂粒胶结而成。砂岩颗粒性强，质感较为柔和细腻，颜色多样，主要由矿物组成和胶结物类型决定，最常见的是棕色、黄色、红色、灰色和白色。砂岩孔隙大，吸水率较高，容易吸污，易滋生微生物，材质硬度低较脆，地面铺装慎用，通常适用于立面贴饰（图3-9）。

图3-9　园林中的砂岩墙面

（3）石灰岩

石灰岩属于沉积岩，主要成分为方解石，还有白云石、黏土矿物和其他碎屑等。常见颜色有灰、灰白、灰黑、黄、浅红、褐红等。著名的太湖石就是石灰岩长时间受侵蚀后形成的，太湖石姿态万千，通灵剔透，具有"皱、漏、瘦、透"的特点。太湖石原是皇家园林的"宠儿"，现今园林和庭院中都可以看到它的身影。产于广东英德的英石也是石灰岩长期风化后的产物，大块英石可在庭院和园林内砌积成山景，小块也可制成山水盆景置于案几，具有很高的观赏和收藏价值（图3-10）。

a. 太湖石　　　　　　　　　　　　　　b. 英石

图 3-10　园林中的太湖石（a）和英石（b）

（4）板岩

板岩是具有板状结构的低级变质岩，基本没有重结晶作用，隐晶质构造，原岩为泥质、粉砂质或中酸凝灰岩，沿劈理方向可以产生连续、整齐、光滑的劈理面。板岩的颜色随其所含有的杂质不同而变化，含碳质的为黑灰色；含铁的为红色或黄色；含钙的为绿灰色。板岩的硬度高于砂岩，但低于花岗岩。一般适用于立面贴饰及小面积人行道铺装（图3-11）。

（5）片麻岩

片麻岩是变质程度较高、具有片麻状构造的岩石。片麻岩中有含量大于50%的长石和石英，以及云母、角闪石、辉石等片状或柱状矿物。浅色矿物组成的条带在暗色矿物中穿插，形成网状、条带状、枝权状、团块状等浅色纹路，在暗色矿物风化之后，浅色的脉体更为凸显。中式及日式园林造景中常用的雪浪石就属于片麻岩类型，石上色彩花纹黑白相间，更显肃穆古朴（图3-12）。

（6）大理石

大理石是一种不具有片理结构的变质岩，由碳酸盐岩重结晶形成，主要成分为碳酸钙，硬度比花

图 3-11　庭院中的板岩　　　　　　　**图 3-12　园林中的雪浪石小景**

岗岩小，不耐风化。常见花色包括白色、黄色、绿色、灰色、红色、咖啡色和黑色，如北京房山产的汉白玉就属于白色类型，常作为雕刻和建筑材料，用于制作建筑的基座、石阶、护栏等（图3-13）。具有成型的花纹的大理石可制作画屏或镶嵌画，大理石碎屑也可用来铺设花园小径。

a. 大理石雕塑　　　　　　　　　　　　　　　b. 建筑围栏

图 3-13　大理石雕塑（a）及建筑围栏（b）

小　结

三大类岩石各自都有鲜明的成因和外貌特征。岩浆岩的形成过程是降温、降压的过程，变质岩的形成过程是升温、升压的过程，而沉积岩在近乎常温、常压条件下形成。由于地壳抬升和上覆岩石被剥蚀，在岩石圈内形成的岩石有机会出露地表，这些岩石（岩浆岩、沉积岩、变质岩）经过风化、剥蚀、搬运作用而形成沉积物，沉积物埋到地下浅处固结成岩，重新形成沉积岩。埋入地下深处的沉积岩或岩浆岩可以在基本保持固态的情况下发生变质，变成变质岩。当岩浆岩、变质岩和沉积岩被埋藏到地下更深处时，由于温度高、压力大，岩石就将逐渐熔化形成岩浆。岩浆在地下或地表冷凝形成各种岩浆岩。

风化是由于温度、大气、水溶液和生物等因素的作用使矿物和岩石发生物理破碎崩解、化学分解和生物分解等复杂过程的综合。此外，风化作用的强弱与岩石自身的性质有很大的关系，在同样的风化条件下，岩石的性质决定了风化作用的表现形式。土壤是地壳最上层风化作用的产物，土壤的产生和发育是很多因素作用于岩石的结果。

思考题

1. 名词解释：

岩石、岩浆作用、沉积作用、变质作用。

2. 简述岩浆岩、沉积岩和变质岩的主要类型并列举若干代表性岩石。
3. 什么是鲍文反应序列？它说明了什么？
4. 简述岩浆岩、沉积岩和变质岩的区别与联系。
5. 简述环境条件对岩石风化的影响。
6. 简述岩石性质对风化的影响。

推荐阅读书目

1. 地质与地貌学（南方本）（第二版）. 刘凡. 中国农业出版社，2018.
2. 矿物岩石学. 李昌年，李净红. 中国地质大学出版社，2014.

第4章 土壤生物

土壤生物是土壤的重要组成部分，主要包括土壤动物、土壤微生物及在土壤中生长的高等植物的根系。作为生物的重要栖息地，在微观尺度上，仅1cm^{3}的土壤中有$(0.4\sim2)\times10^9$个原核生物，包含上万种不同的种类。作为生物地球化学过程的引擎，土壤生物控制着陆地生物圈最大有机物储库的周转，影响全球生物地球化学循环的各个方面，在地球生物化学养分循环、初级生产力调节、凋落物分解和气候变化等方面发挥着不可或缺的作用。土壤生物普遍具有趋向性，因此，其在土壤中的分布不是均匀的，而是倾向于在各自适宜的环境条件中聚集栖息。土壤生物一般可分为土壤动物、土壤真菌、土壤细菌、土壤藻类及地衣等。

4.1 土壤动物

土壤动物是指长期或一生中的一段时间生活在土壤或地表凋落物层中，对土壤有一定影响的动物。它们直接或间接地参与土壤中物质和能量的转化（养分循环），是土壤生态系统中不可或缺的组成部分，在生物地球化学循环和生态系统功能过程中发挥着重要作用。土壤动物通过取食、排泄、挖掘等生命活动破碎生物残体，使之与土壤混合，为土壤中微生物的活动和有机物质进一步分解创造了条件。土壤动物的活动可促使土壤的物理性质（通气状况）、化学性质（养分循环）及生物学性质（微生物组成）均发生变化，对土壤的形成及土壤肥力的发展起着重要作用。

4.1.1 土壤动物分类及主要土壤动物

土壤动物是陆地生态系统中生物量最大的一类生物，门类齐全、种类繁多、数量庞大，研究表明，已被发现的土壤动物约有36万种，约占所有被记载生物的23%。在土壤中，它们与植物、土壤微生物组成土壤生态系统，三者相互作用、相互影响。例如，一些线虫和原生动物可以通过捕食某类细菌来生存，这一活动调节了土壤微生物群落组成；而被改变的土壤微生物群落又可以通过影响植物根际微生物组成而左右宿主植物的健康，植物根系及残体又可以饲养某些土壤动物或微生物。

4.1.1.1 土壤动物分类

土壤动物的分类有多种类型，下面列举4种较常见的分类方法。

（1）基于系统分类学（表4-1）

表 4-1 主要土壤动物门类

门	纲
原生动物门	肉足虫纲（如变形虫）
扁形动物门	吸虫纲（日本血吸虫、华支睾吸虫等）
软体动物门	轮虫纲（龟纹轮虫等）、线虫纲（根结线虫、秀丽隐杆线虫等）、腹足纲（蜗牛、田螺等）
环节动物门	寡毛纲（蚯蚓、颤蚓等）
节肢动物门	蛛形纲、甲壳纲、多足纲（蜈蚣、马陆等）、昆虫纲
脊椎动物门	两栖纲、爬行纲、哺乳纲

（2）按体形大小分类

①小型土壤动物　平均体宽<0.2mm，主要生活在土壤或者凋落物的充水空隙中，包括鞭毛虫、变线虫等原生动物，大部分的轮虫和熊虫、线虫等。

②中型土壤动物　平均体宽为0.2~2mm，主要活动在土壤或凋落物的充气孔隙中，如螨类、拟蝎、跳虫等微小节肢动物，还有涡虫、蚁类、双尾类等。

③大型土壤动物　平均体宽为2~20mm，主要生活在表层土壤中，大多是一些肉眼可见的动物类群，主要有大型的甲虫、蟑、金针虫、蜈蚣、马陆、蝉的若虫和盲蛛等。

④巨型土壤动物　平均体宽>20mm，脊椎动物中，有蛇、蜥蜴、蛙、鼠类和食虫类的鼹鼠等，无脊椎动物中，有蚯蚓和许多有害的昆虫（包括蝼蛄、金龟甲和地蚕）等。

（3）按其食性分类

①植食性土壤动物　主要是以植物根系或汁液为食的土壤动物，如膜翅目、同翅目等。

②捕食性土壤动物　主要是以其他小型土壤动物为食，如蜈蚣、蜘蛛等。

③腐食性土壤动物　主要以腐败的动植物遗体为食，如蚯蚓、线虫、跳虫等。

虽然这种分类方法对某些杂食性土壤动物的分类而言存在一定缺陷，但是在物质循环和能量流动的研究中有着重要意义。

（4）按其在土壤中的生活史（周期）分类

可分为全期土壤动物、周期土壤动物、部分土壤动物、暂时土壤动物、过渡土壤动物和交替土壤动物。

4.1.1.2 主要土壤动物

土壤动物的种类和数量令人惊叹，难以计数。这里介绍几种对土壤性质影响较大，且目前对其生理习性及生态功能的研究较为深入的土壤动物优势类群。

（1）原生动物

原生动物是土壤中一大群单细胞真核（拥有明确的细胞核）生物的统称，属原生动物门，是最原始、最简单、最低等的生物。相较于原生动物，其他土壤动物门类均称为后生动物（图4-1）。原生动物结构简单、数量巨大，一般1g土壤有$10^4 \sim 10^5$个原生动物，是地下动物区系中最丰富的动物类群，体长只有几微米至几毫米，在土壤剖面上分布为上层多，下层少。已报道的原生动物逾300种，按其运动形式可把原生动物分为以下3类：

①肉足虫类　靠原生质移动。
②纤毛虫类　靠纤毛移动。
③鞭毛虫类　靠鞭毛移动。

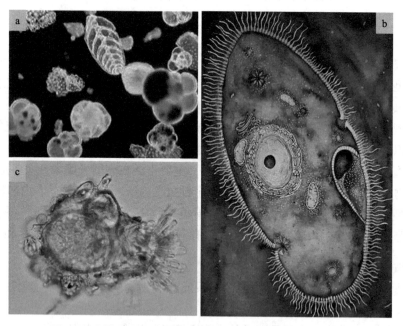

图4-1　土壤中常见的原生动物种类（Orgiazzi et al., 2016）

a. 肉足虫　b. 纤毛虫（代表：草履虫）　c. 鞭毛虫

从数量上以肉足虫类最多，通常可以进入其他原生动物所不能到达的微小孔隙；其次为鞭毛虫，主要分布在森林的枯落物层；纤毛虫类分布相对较少，可通过覆盖在整个细胞表面的短纤毛的震动移动。大多数原生动物为异养型，以微生物和藻类为食，控制着土壤中其他微生物的数量，在维持土壤中微生物的动态平衡上起着重要作用，可使养分在整个植物生长季节内缓慢释放，有利于植物对矿质养分的吸收。

（2）土壤线虫

线虫是一种体形细长（1mm左右）的白色或半透明无节动物，属线形动物门的线虫纲，是土壤中种类及数量最多的非原生动物，目前，报道的线虫种类已逾2.5万种，据估算，$1m^2$土壤中的线虫个体数可达$10^5 \sim 10^6$条。线虫一般喜湿，且森林土壤中的线虫主要以土壤有机质为食物，因此，其主要分布在有机质丰富的潮湿土层及植物根系周围。土壤线虫占据了土壤食物网中的多个营养级，在土壤有机质形成、调控土壤微生物结构、调节土壤养分动态、调节植物病害等方面发挥了重要的生态功能，是土壤生物活性的重要指示者。

根据其食性的不同，可将线虫分为食细菌线虫、食真菌线虫、植食线虫和捕杂食线虫4类，前两者的主要取食对象分别为土壤中的细菌和真菌，其活动对土壤微生物的密度和结构起控制和调节作用。以上这2类线虫中的某些物种可以捕食土壤中的多种病原菌，具有防止土壤病害发生和传播的作用。植食线虫主要营寄生生活，其寄主为活的植物体，吸取植物体内营养，几乎每种植物均可成为一种或几种线虫的寄主。据联合国粮农组织（FAO）保守估计，每年因病原线虫而引起的粮食或纤维作物减产可达12%。已有研究表明，牡丹、桂花、仙人掌、菊花、石竹等园林观赏植物也可被线虫侵染，病症为：根部肿大，切开可见白色粒状物，茎叶卷曲、根坏死腐烂，生长不良，严重时可造成植株死亡。

（3）蚯蚓

蚯蚓属环节动物门的寡毛纲，是被研究最早（自1840年达尔文起）和最多的土壤动物（图4-2）。蚯蚓体圆而细长，其长短、粗细因种类而异，最小的长0.44mm、宽0.13mm；最大的长达3600mm、宽24mm。身体由许多环状节构成，体节数目是分类的特征之一，蚯蚓的体节数目相差悬殊，最多达600多节，最少的只有7节，目前全球已命名的蚯蚓有2700多种，中国已发现逾200种。

蚯蚓是典型的土壤动物，主要生活在表土层或凋落物层中，因其主要捕食大量的有机物和矿质土壤，有机质丰富的表层蚯蚓密度最大，$1m^2$可达170条。土壤中枯落物类型是影响蚯蚓活动的重要因素，不具蜡层的叶片是蚯蚓容易取食的对象（如榆、蒙古栎、椴、槭、桦树叶等）。因此，此类树林下的土壤中蚯蚓数量远大于含蜡叶片的针叶林土壤（如$1hm^2$蒙古栎林下有294万条蚯蚓，而$1hm^2$云杉林下仅有61万条）。蚯蚓通过大量的取食与排泄活动富集土壤中的养分，促进土壤团粒结构的形成，并通过掘穴、前行改善土壤的通透性，提高土壤肥力，因此，蚯蚓粪中含有的有机质、矿物养分等均明显高于土壤，土壤中蚯蚓的数量是衡量土壤肥力的重要指标。

图 4-2 土壤中常见的真核动物（Orgiazzi et al., 2016）
a.线虫　b.弹尾目昆虫　c.多足虫　d.蚯蚓

（4）弹尾和螨目

弹尾（又名跳虫）和螨目同属节肢动物门的昆虫纲和蛛形纲，是土壤中数量最多的节肢动物（分别占土壤动物总数的54.9%和28%），它们是我国森林土壤中干生中型动物的主要优势类群。目前已知的弹尾逾2000种，一般体长1~3mm，腹部第4或第5节有一弹器，主要生活于土壤表层（0~6cm土层内最多），1m²土壤内可多达2000尾。大多数弹尾以花粉、真菌、细菌为食，少数可危害甘蔗、烟草和蘑菇。

螨目的主要代表是甲螨（占土壤螨类的62%~94%），一般体长0.2~1.3mm，主要分布在森林表层土壤中（0~5cm土层内其数量约占全层数量的82%），而在25cm以下则很难找到。大多数甲螨以真菌、藻类和已分解的植物残体为食，其在控制微生物数量及促进有机质分解过程中起着重要作用。

此外，土壤动物还包括蠕虫、蛞蝓、蜗牛、千足虫、蜈蚣、蛤虫、蚂蚁、马陆、蜘蛛及昆虫等。

4.1.2 土壤动物与生态环境的关系

4.1.2.1 生态环境对土壤动物的影响

土壤是复杂的自然体，生活在土壤中的动物群落受多种环境因素的影响，如土壤性质（土温、土壤湿度、土壤pH值、有机质含量、土壤容重、凋落物数量和质量、土壤矿质元素，以及污染物质含量），地上植被，地形和气候等。因此，土壤动物的群落组成随环境因素和时间变化呈明显的时空差异。空间差异表现为：

①水平变异　土壤动物群落随植被、土壤、微地貌类型与海拔及人为活动等因素的变化，呈现出群落组成、数量、密度和多样性等的水平差异。自然植被改为耕作土壤后，土壤动物的种类和数量明显减少，显示植被类型对土壤动物群落的水平结构的巨大影响。王宗英等对皖南农业生态进行系统调查时发现，土壤的动物群落多样指数：菜地>次生林>灌丛>人工杉林>旱地>菜园>稻田>果园。

②垂直变异　主要表现在土壤动物的表聚性特征，土壤动物的种类、个体数、密度和多样性随着土壤深度而逐渐减少。土壤动物的时间变化主要表现为季节变异，土壤动物的季节变化与其环境的季节性节律密切相关，在中温带和寒温带地区，土壤动物群落种类和数量一般在7~9月达到最高，与降水量、温度的变化基本一致，而在亚热带地区则一般于秋末冬初达到最高（11月）。

4.1.2.2　土壤动物的指示作用

生活于土壤中的动物受环境的影响，反之，土壤动物的数量和群落结构的变异也可以指示生态系统的变化。因此，土壤动物多样性被认为是土壤肥力高低及生态稳定性的有效指标。土壤中某些种类的土壤动物可以快速灵敏地定性反映土壤是否被污染，其在土壤中的数量可以定量地反映土壤受污染的程度。例如，分布广、数量大、种类多的甲螨有广泛接触有害物质的机会，所以土壤环境发生的变化有可能从它们种类和数量的变化反映出来。蚯蚓作为"生态系统工程师"，其多样性和分布与土壤的健康状况密切相关。它们对土壤环境变化十分敏感，一旦环境压力过大，蚯蚓就会出现迁移或死亡，因而蚯蚓在土壤中存在与否及其数量常被直接作为土壤健康的生物指标。另外，线虫常用作检测生态系统变化和农业生态系统受到干扰的指示生物。此外，土壤动物的功能性状是土壤动物对于周围环境的响应和适应性的直观表现，以跳虫为例，体型大小与资源可用性、代谢强度及营养生态位有关。综上所述，土壤动物多样性的破坏将威胁到整个陆地生态系统的生物多样性及生态稳定性，应加强土壤动物多样性的研究和保护。

4.2　土壤微生物

土壤微生物是指生活在土壤中的一切肉眼看不见的微小生物的总称，包括细菌、古菌、真菌、病毒、原生动物和显微藻类等。土壤微生物参与土壤中的物质转化过程，在土壤形成和发育、土壤肥力演变、养分有效化和有毒物质降解等方面起着重要作用。植物残体是土壤微生物的主要营养和能量来源，因此，有机质含量丰富的森林土壤中的微生物数量一般较多，而有机质含量匮乏的土壤中微生物数量较少。1g肥沃土壤（如菜园土）中常可含有10^8个甚至更多的微生物，而在贫瘠土壤（如生荒土）中仅有10^3~10^7个微生物，甚至更低。我国几种土壤所含微生物数量见表4-2所列。

表 4-2　我国不同土壤微生物数量（朱显谟 等，1987）　　　　　10^4 个/g 土

土 壤	植 被	细 菌	放线菌	真 菌
黑 土	林地	3370	2410	17
	草地	2070	505	10
灰褐土	林地	438	169	4
黄绵土	草地	357	140	1
红 壤	林地	144	6	3
	草地	100	3	2
砖红壤	林地	189	10	12
	草地	64	14	7

4.2.1　土壤微生物分类

4.2.1.1　土壤细菌

土壤细菌是一类单细胞的原核生物，占土壤微生物总数的70%~90%，据估计，1g土中含有10^7个以上细菌。细菌个体通常很小，直径为0.2~0.5μm，长度约几微米，因而土壤细菌的生物量并不高。但其比表面积大、代谢活跃、繁殖快，因而是土壤中最活跃的因素。细菌的基本形态有球状、杆状和螺旋状3种。土壤中常见的细菌有节杆菌属（*Arthrobacter*）、芽孢杆菌属（*Bacillus*）、假单胞菌属（*Pseudomonas*）、农杆菌属（*Agrobacterium*）和黄杆菌属（*Flavobacterium*）等。

土壤放线菌是指一类生活于土壤中的呈菌丝状生长和以孢子繁殖的细菌，占土壤总细菌数量的1%~10%，因其GC含量过高，是一类特殊的土壤细菌。常见的土壤放线菌主要有链霉菌属（*Streptomyces*，占土壤总放线菌数的70%~90%）、诺卡氏菌属（*Nocardia*）、小单胞菌属（*Micromonospora*）、游动放线菌属（*Actinoplanes*）和弗兰克氏菌属（*Frankia*）等。多数放线菌营腐生生活，能够分解木质素、纤维素、单宁和蛋白质等复杂有机物。此外，放线菌的代谢产物具有重要的生物学功能，如生长刺激物质、维生素、抗生素及挥发性物质，与人类的生产和生活密切相关。目前广泛使用的抗生素中，约有70%由各种放线菌产生。

4.2.1.2　土壤真菌

土壤真菌是指生活在土壤中的具有完整细胞核的单细胞或多细胞分枝丝状体或单细胞个体，属真核生物。土壤真菌以土壤作为活动场所完成其全部或部分生活史，1g土含2~10^4个繁殖体，数量虽比土壤细菌少，但由于真菌体积大，其生物量也较大。据测定，1g表层土壤中真菌菌丝体长度10~100m，$1hm^2$表层土壤中的真菌菌体质量可达500~5000kg，因而在土壤中细菌与真菌的菌体质量比接近1:1，可见土壤真菌是构成土

壤微生物生物量的重要组成部分。

土壤真菌是常见的土壤微生物，它适宜酸性，在pH值低于4.0的条件下，细菌和放线菌已难以生长，而真菌却能很好地存活。真菌可以形成孢子、菌核和菌素等特殊的保护结构，使得真菌对逆境的忍耐力较强，因而其可广泛分布于各种类型的土壤中，也是森林土壤中推动物质交换的重要组成部分，如有机质的降解等。我国土壤真菌种类繁多、资源丰富，常见的有青霉属（*Penicillium*）、曲霉属（*Aspergillus*）、木霉属（*Trichoderma*）、镰刀菌属（*Fusarium*）、毛霉属（*Mucor*）和根霉属（*Rhizopus*）等。

4.2.1.3 土壤藻类

土壤藻类是指土壤中的一类单细胞或多细胞、含有各种色素的低等生物，无根、茎、叶的分化，构造简单，个体微小。大多数土壤藻类为无机自养型，可利用自身含有的叶绿素借助光能合成有机物质，所以这些土壤藻类常分布在土壤表层。也有一些藻类可分布在较深的土层中，这些藻类常是有机营养型，它们利用土壤中有机物质为碳营养，进行生长繁殖，但仍保持叶绿素器官的功能。

土壤藻类可分为蓝藻、绿藻和硅藻3类。蓝藻又称蓝细菌，其个体直径为$0.5\sim60\mu m$，形态为球状或丝状，细胞内含有叶绿素a、藻蓝素和藻红素。绿藻除含有叶绿素外，还含有叶黄素和胡萝卜素。硅藻为单细胞或群体的藻类，它除了含有叶绿素a、叶绿素b外，还含有β-胡萝卜素和多种叶黄素。

土壤藻类可以和真菌形成共生体，藻类通过光合作用为真菌提供有机物，真菌可以供给藻类水和无机盐，广泛分布于风化的母岩或瘠薄的土壤表层，积累有机质，同时加速土壤形成，是土壤风化的先锋生物，但其对大气污染极度敏感，在污染严重的地区已经看不到它的足迹。此外，某些藻类产生的胞外代谢物可直接溶解岩石，使其释放出矿质元素，例如，硅藻可分解正长石、高岭石，从而释放出钾元素。许多藻类在其代谢过程中可分泌出大量黏液，从而改良了土壤结构。藻类形成的有机质比较容易分解，对养分循环和微生物繁衍具有重要作用。

4.2.2 土壤微生物营养类型和呼吸类型

4.2.2.1 土壤微生物营养类型

土壤中的微生物不仅在形态特征上有各种差别，在生理特征上也具有多样性，按照不同生理特征可以将土壤中的微生物分成不同的生理群。根据营养和能源要求，可将土壤微生物分为化能有机营养型、光能有机营养型、化能无机营养型和光能无机营养型4大生理类群。

（1）化能有机营养型

化能有机营养型又称化能异养型，这类土壤微生物以有机化合物作为碳源，通过氧化有机化合物来获取能量。土壤中绝大部分细菌和几乎全部真菌都属于这种类型，这类微生物在土壤能量流动和物质循环中起主导作用。

（2）光能有机营养型

光能有机营养型又称光能异养型，其能源来自光，但需要有机化合物作为供氢体以还原CO_2，并合成细胞物质。如紫色非硫细菌中的深红红螺菌（*Rhodospirillum rubrum*）可利用简单有机物作为供氢体。

$$CO_2 + 2CH_3CHOHCH_3 \xrightarrow{光能} （CH_2O）+ 2CH_3COCH_3 + H_2O$$

（3）化能无机营养型

化能无机营养型又称化能自养型，这类土壤微生物以CO_2作为碳源，通过氧化简单的无机物获取能量从而进行细胞合成。在土壤中虽分布不多，却在土壤物质转化中起着重要作用。如参与土壤氮循环的亚硝酸细菌、硝酸细菌，参与土壤硫循环的硫氧化细菌等。

（4）光能无机营养型

光能无机营养型又称光能自养型，这类土壤微生物利用光能进行光合作用，以无机物作为供氢体以还原CO_2，从而合成细胞物质。如光合细菌、紫硫细菌。

4.2.2.2 土壤微生物呼吸类型

按照呼吸类型，可将土壤微生物分为好氧型微生物、厌氧型微生物和兼性厌氧微生物3类。

（1）好氧型微生物

这类微生物在有氧环境中生长，在呼吸基质氧化时，以分子氧为最终电子受体。由于来自空气中的氧不断供应，能使基质彻底氧化，释放出全部能量。土壤中大多数细菌都属于这一类，如芽孢杆菌、假单胞菌、放线菌、根瘤菌、硝酸化细菌和硫化细菌等。

好氧型微生物在通气良好的土壤中（如表层土壤）生长，转化土壤中的有机物，获得能量、构建细胞物质，行使其生理功能。土壤中好氧型化能自养型细菌，以还原态无机化合物为呼吸基质，依赖其特殊的氧化酶系统，活化分子态氧去氧化相应的无机物质来获取能量，如土壤中的亚硝酸细菌（以NH_4^+为呼吸基质氧化成NO_2^-）、硝酸细菌（以NO_2^-为基质氧化成NO_3^-）、硫化杆菌（以S为基质氧化成SO_4^{2-}）等。土壤真菌为好养型微生物，因而多分布于通气良好的土壤或者表层土壤中。土壤真菌为化能有机营养型，是土壤中糖类、纤维类、果胶和木质素等含碳物质分解的积极参与者。

（2）厌氧型微生物

这类微生物在无氧条件下进行无氧呼吸，以无机氧化物（NO_3^-、SO_4^{2-}、CO_2）作为最终电子受体，通过脱氧酶将氢传递给其他的有机或无机化合物，并使之还原，如土壤中的厌氧固氮菌巴氏梭菌（*Clostridium pasteurianum*）、根瘤菌（*Rhizobium frank*）等。

另外,产甲烷细菌和脱硫弧菌等也属于厌氧型微生物。

(3) 兼性厌氧微生物

这是一类在有氧和无氧环境中均能进行呼吸作用的土壤微生物,如土壤中的反硝化假单胞菌和某些硝酸还原细菌、硫酸还原细菌等。在有氧环境中,它们与其他好氧型细菌一样进行有氧呼吸。而在缺氧环境中,它们转而将呼吸基质彻底氧化,以硝酸或碳酸中的氧作为受氢体,使硝酸还原为亚硝酸或分子氮,或使硫酸还原为硫或硫化氢。

4.2.3 土壤微生物主要功能

作为地球上的主要分解者,土壤中的微生物在土壤物质循环中发挥着重要作用,如某些微生物在有机质降解、矿物质降解、氮循环过程中的作用。

4.2.3.1 分解纤维素

土壤中的纤维素分解菌主要有好氧型和厌氧型纤维素分解菌2类。好氧型纤维素分解菌主要有生孢噬纤维菌属(*Sporocytophaga*)、噬纤维菌属(*Cytophaga*)、多囊菌属(*Polyangium*)、镰状纤维菌属(*Cellfalcicula*)、链霉菌属(*Streptomyces*)等细菌,以及镰刀菌属(*Fusarium*)、木霉属(*Trichoderma*)、漆斑菌属(*Myrothecium*)、曲霉属(*Aspcrgillus*)、青霉属(*Penicillium*)等真菌。

纤维素分解菌的活性受土壤中的养分、水分、温度、酸度和通气等因素的影响。纤维素分解真菌的最适温度为22~30℃,非适宜范围的通气量和温度条件对这类菌的活性均有较大影响。厌氧型纤维素分解菌主要是好热型厌氧纤维素分解芽孢细菌,包括热纤梭菌(*Clostridium thermocellum*)、溶解梭菌(*Cl. dissolvens*)及高温溶解梭菌(*Cl. thermocellulolyticus*)等。好热型厌氧纤维素分解菌活性最适温度60~65℃,其耐受的最高温度可达80℃。通常纤维素分解细菌适宜中性至微碱性环境,所以在酸性土壤中纤维素分解细菌的活性明显减弱。纤维素分解细菌的活动也受分解物料自身碳氮比的影响。一般情况下,细菌细胞增长所需的适宜C/N为4:1~5:1,同时,在呼吸过程中还要消耗几倍的碳,因而当分解物料的C/N在20:1~25:1时,纤维素分解细菌能很好地进行分解活动。一般植物性材料(如蒿秆、树叶、杂草等)C/N常大于25:1,因此,在利用它们作为堆肥材料、基肥时,为了加速其分解速率、缩短堆肥周期,可适当补充一些氮素含量高的化肥或人粪尿等。

4.2.3.2 氮循环

(1) 固氮作用

固氮作用是分子态氮(N_2)被还原成氨(NH_3)和其他含氮化合物的过程。自然界的氮(N_2)有2种固定方式:一种是非生物固氮,即在闪电、高温放电等条件下将分子态氮转化为氨;另一种是生物固氮,固氮微生物在常温常压下,由生物固氮酶催化,将大气中的N_2还原为氨的过程。土壤中的固氮微生物种类丰富,它们每年可从大气中固定超过一亿吨氮素,可占全球总固定量的50%以上。固氮菌主要包括自生固氮菌、共生固氮菌和联合固氮菌。

①自生固氮菌　是一类在土壤中或培养基中生活时,可以自行将分子态氮还原成氨,并营养自给的微生物类群。目前已发现和验证具有自生固氮作用的细菌近70个属,常见的有固氮菌属（Azotobacter）、氮单胞菌属（Azomonas）、拜叶林克菌属（Beijerinckia）和德克斯菌属（Derxia）。

自生固氮菌多为中温性细菌,其最适温度为28~30℃,适宜中性土壤,但当土壤pH值降至6.0,好氧型固氮菌的固氮活性明显降低,而厌氧型固氮菌的固氮活性在pH值5.0~8.5有较高活性。因此,厌氧型自生固氮细菌在pH值较低的森林土壤固氮中发挥着重要作用。

②共生固氮菌　共生固氮作用是指由固氮微生物与其紧密共同生活在一起的植物或其他生物将空气中的游离氮（N_2）固定成植物能吸收的氨的生物化学过程。在共生固氮体系中,与固氮微生物共生的生物向固氮微生物提供生活必需的能源和碳源,而固氮微生物则将自身固定的氮素供给共生生物作为合成氨基酸和蛋白质的氮源。共生固氮是自然界中最有效的生物固氮方式,参与共生固氮的微生物主要包括能与豆科植物共生的根瘤菌,以及能与非豆科木本植物共生的弗兰克氏菌。

根瘤菌　主要是指与豆类作物根部共生形成根瘤并能固氮的细菌,一般指根瘤菌属（Rhizobium）和慢生根瘤菌属（Bradyrhizobium）,二者都属于根瘤菌目。土壤中的根瘤菌侵入植物根部后形成根瘤,固氮作用在根瘤中进行,根瘤菌在土壤中可独立生活,但只有在豆科植物根瘤中才能进行旺盛的固氮作用。实验室纯培养条件下的根瘤菌细胞呈杆状,大小为（0.5~0.9）μm×（1.2~3.0）μm,革兰氏染色阴性。根瘤菌与豆科植物形成根瘤主要分为侵染和根瘤菌形成2个阶段。

侵染阶段:土壤中的根瘤菌呈小球菌或小短杆菌状。豆科作物存在时,根瘤菌被其分泌的某些根系分泌物吸引而在根际大量增殖;同时,根瘤菌合成并分泌纤维素酶,使豆科植物根毛细胞壁内陷溶解,根瘤菌随之侵入。

根瘤菌形成阶段:侵入根毛细胞中的根瘤菌大量增殖,聚集成带,外面被一层黏液包围,形成感染丝,并逐渐向中轴延伸。当菌体侵入植物根尖皮层深处时,皮层细胞受到根瘤菌分泌的物质刺激而强烈增生,致使根尖皮层组织出现局部膨大,从而形成根瘤。根瘤内的根瘤菌从豆科植物根的皮层细胞中吸取碳水化合物、矿质盐类及水分,以进行生长和繁殖;同时,它们又把空气中游离的氮（N_2）通过固氮作用固定下来,转变为植物所能利用的含氮化合物,供植物生活所需。这样,根瘤菌与根便构成了互相依赖的共生关系。

非豆科植物与微生物的共生固氮　此类固氮作用中的微生物主要是放线菌,此外还有少数细菌或藻类。其中放线菌多为弗兰克氏菌属,目前已发现有9科20多个属约200种非豆科植物可以与弗兰克氏属放线菌共生固氮,如桤木属、杨梅属、木麻黄属植物。例如,鱼腥藻与蕨类植物满江红（绿萍）形成的共生固氮体系已经作为中国南方优良的绿肥进行应用。

（2）氨化作用

氨化作用是指含氮有机物经微生物分解产生氨的过程，又称脱氨作用。来自动物、植物、微生物的蛋白质、氨基酸、尿素、几丁质，以及核酸中的嘌呤和嘧啶等含氮有机物，均可通过氨化作用释放氨，供植物和微生物利用。氨化过程一般分为两步，首先，含氮有机化合物（蛋白质、核酸等）在水解酶作用下分解为简单含氮化合物，如多肽、氨基酸、氨基糖等；其次，简单含氮化合物在脱氨酶作用下脱氨基从而释放NH_3。

参与氨化作用的微生物种类繁多，主要以细菌为主。据测定，在条件适宜时1g土壤中的氨化细菌数量可达$10^5 \sim 10^7$个，主要为好氧型细菌，如蕈状芽孢杆菌（*Bacillus mycoides*）、枯草芽孢杆菌（*Bacillus subtilis*）、巨大芽孢杆菌（*Bacillus megaterium*）、放线菌和某些厌氧型细菌种群，如腐败芽孢杆菌（*Bacillus putrificus*）；还有一些兼性厌氧型细菌，如荧光假单胞菌（*Pseudomonas fluorescens*）、黏质赛氏杆菌（*Serratia marcescens*）等。此外，真菌在蛋白质的分解中也占有重要地位，如曲霉属（*Aspergillus*）、青霉属（*Penicillium*）、根霉属（*Rhizopus*）及木霉属（*Trichoderma*）等，真菌在酸性土壤的蛋白质分解中起着主要作用。

含氮有机化合物的C/N对氨化细菌的活动强度和氨化过程有较大影响，其最适C/N为20∶1～25∶1。当氨化细菌分解C/N比大的有机物料时，由于有机碳过剩，氮素不足，微生物需从土壤中吸取无机氮合成其自身所需物质。此时，若额外补充适量的无机氮将有助于氨化作用的进行。

（3）硝化作用

在有氧的条件下，微生物将氨氧化为硝酸并从中获得能量的过程称硝化作用。土壤中的硝化作用一般分2个阶段完成，第一阶段是亚硝酸细菌将氨态氮氧化为亚硝酸；第二阶段是硝酸细菌把亚硝酸氧化为硝酸。参与硝化作用的土壤微生物为硝化细菌，包括亚硝酸细菌和硝酸细菌2个亚群。常见的亚硝化细菌有亚硝化单胞菌（*Nitrosomomas*）、亚硝化螺菌（*Nitrosospira*）、亚硝化球菌（*Nitrosococcus*）和亚硝化叶菌（*Nitrosolobus*）等；常见的硝酸细菌有硝化杆菌（*Nitrobacter*）、硝化刺菌（*Nitrospina*）和硝化球菌（*Nitrococcus*）等。

硝化细菌属化能无机营养型，适宜在pH值6.6～8.8或更高的范围内生活，当pH值低于6.0时，硝化作用明显下降。硝化作用必须有氧气参与，所以硝化作用通常发生在通气良好的土壤、厩肥、堆肥和活性污泥中。当土壤中相对含氧量为大气中氧浓度的40%～50%时，硝化作用最旺盛。许多森林土壤的pH值常低于5.0，所以在森林土壤中硝酸盐含量通常很低，而积累的铵盐较高。

（4）反硝化作用

在缺氧条件下，微生物将硝酸盐还原为还原态含氮化合物（N_2O）或分子态氮（N_2）的过程称反硝化作用。参与反硝化作用的微生物主要是反硝化细菌。常见的反硝化细菌有脱氮杆菌（*Bacteria denitrificans*）等。反硝化细菌为厌氧型，最适宜的pH值为6～8，但在pH值3.5～11.2条件下都能进行反硝化作用。反硝化细菌最适温度为25℃，但在

2~65℃条件下反硝化作用均能进行。

4.2.4　土壤生物间的相互关系

土壤是一个复杂的生态系统，生存着大量的微生物种群，各生物个体并不是独立存在的，而是混居在一起，存在着复杂的相互作用。一般来说，土壤生物间的相互关系主要有竞争、互生、共生、捕食和寄生等。

4.2.4.1　竞争关系

竞争关系是指两个或多个生物种群生活在同一环境中时，会产生对食物、空间或其他共同需求资源的争夺，从而导致其中一方或两方的群体大小、生长速率受到限制的现象。竞争的胜负取决于他们各自的生理特性及其对环境的适应性，是生物间存在的最广泛的关系，在推动生物的发展和进化上起着重要作用。

4.2.4.2　互生关系

互生是指两种可以单独生活的生物生活在一起时有利于对方，两者可分可合，合比分好。例如，在土壤中，当分解纤维素的细菌与好氧的自生固氮菌生活在一起时，后者可将固定的有机氮化合物供给前者，而纤维素分解菌也可将产生的有机酸作为后者的碳源和能源物质，从而促进各自的发育、繁殖。大多数的植物根际促生菌（Plan-growth promoting rhizobacteria，PGPR）与植物就是这种互生关系。

4.2.4.3　共生关系

共生关系是指两种生物可以共同生活并形成特殊的共生结构，在生理上产生一定的分工，互惠互利，相互依存，当一种生物脱离了另一种生物时便难以生存。如真菌和藻类可以形成不可分离的共生体地衣，广泛分布在荒凉的岩石、土壤和其他物体表面，地衣通常是裸露岩石和土壤母质的最早定居者。因此，地衣在土壤发生的早期起重要作用。

4.2.4.4　捕食关系

捕食关系是指一种有机体（捕食者）吞食或消化另一种生物（猎物）的现象。如土壤中的某些线虫可以通过捕食土壤中的病原性细菌、真菌等，达到降低发病率的效果。

4.2.4.5　寄生关系

寄生关系是指一种生物（寄生者）需要在另一种生物（宿主）体内生活，从中摄取营养才能得以生长繁殖的现象。如噬菌体与宿主细菌之间的寄生关系，噬菌体本身不能进行生理代谢，当它们侵染宿主后，利用宿主的物质及细胞器指导合成自身的核酸与蛋白质，并在宿主体内完成组装，从而进行增殖。目前发现一些细菌或真菌可以通过侵染根部而寄生于植物体内，从而破坏植物的维管束，危害宿主。细菌类如青枯菌

（*Ralstonia*）的某些生理小种引起鹤望兰、柑橘、甘蓝、油橄榄、美人蕉等植物的青枯病，真菌类如镰刀菌属（*Fusarium*）的某些生理小种引起百合、非洲菊、菊花、蝴蝶兰、唐菖蒲、石竹、紫罗兰等的枯萎病，这些土传病原菌是目前危害土壤健康的重要因子之一。

4.3 植物根系及其与微生物的相互作用

植物通过根系从土壤中汲取养分，而其地上部器官通过光合作用合成有机物质，然后根系通过根表细胞或组织脱落物、分泌物向土壤输送有机物质，这些有机物质一方面对土壤养分循环、土壤腐殖质的积累和土壤结构的改善起着重要作用；另一方面可以作为营养物质，大大刺激根系周围土壤微生物的生长，表4-3列举了根表细胞、组织脱落物和根系分泌物的物质类型及其营养作用。

表4-3 根系产物中有机物质的种类及其在植物营养中的作用

根系产物中有机物质的种类		在植物营养中的作用
小分子有机化合物	糖类	养分活化与固定、微生物的养分和能源
	有机酸	
	氨基酸	
	酚类化合物	
大分子黏胶物质	多糖	抵御铁、铝、锰的毒害
	多聚半乳糖醛酸等	
细胞或组织脱落物及其溶解产物	根冠细胞	微生物能源，间接影响植物营养状况
	根毛细胞内含物	

4.3.1 植物根系形态

高等植物的根是生长在地下的营养器官，单株植物全部根的总称为根系。由于林木根系分布范围广、根量大，对土壤影响广泛，本节只阐述林木根系的形态。林木根系有不同形态，概括起来可将其分成以下5种类型（图4-3）。

垂直状根系

辐射状根系

须状根系

扁平状根系

串联状根系

图4-3 植物根系形态特征

4.3.1.1 垂直状根系

此类根系有明显发达的垂直主根，主根上伸展出许多侧根，侧根上着生着许多营养根，营养根顶端常生长着根毛和菌根。大部分阔叶树及针叶树的根系属此类型，尤其在各种松树和栎类中特别普遍。这类根系多发育在比较干旱或透水良好、地下水位较深的土壤上。

4.3.1.2 辐射状根系

此类根系没有垂直主根，初生或次生的侧根由根茎向四周延伸，其纤维状营养根在土层中结成网状，槭属、水青冈属，以及杉木、冷杉等都具有这种根系。辐射状根系发育在通气良好、水分适宜和土质肥沃的土壤上。

4.3.1.3 扁平状根系

此类根系侧根沿水平方向向周围伸展，不具垂直主根，由侧根上生出许多顶端呈穗状的营养根。云杉、冷杉、铁杉及趋于腐朽的林木都具有这类根系，尤其在积水的土壤上，如在泥炭土上这种根系发育得最为突出。

4.3.1.4 串联状根系

此类根系是变态的地下茎。如竹类根属于这种类型。此类根分布较浅，向一定方向或四周蔓延、萌蘖，并生长出不定根。此类根对土壤要求较严格，紧实或积水土壤对其生长不利。

4.3.1.5 须状根系

此类根主根不发达，从茎的基部生长出许多粗细相似的须状不定根。棕榈的根系属此类型。此类根呈丛生状态，在土壤中紧密盘结。

4.3.2 根际与根际效应

根际（Rhizosphere）是指直接受植物根系分泌物影响的土壤区域，既是植物与土壤间进行物质交换的场所（图4-4），也是土壤中多数微生物和无脊椎动物的家园。根际的概念最早是由德国科学家黑尔特纳（Lorenz Hiltne）于1904年提出的。根际范围的大小因植物种类不同而有较大变化，同时，也受植物营养代谢状况的影响，因此，根际并不是一个界限十分分明的区域。

根际微生物是栖息在植物根际的微生物，植物根系的细胞组织脱落物和根系分泌物为根际微生物提供了丰富的营养和能量，因此，在植物根际的微生物数量和活性常高于根外土壤，这种现象称为根际效应。根际效应的大小常用根际土壤和土体土壤中微生物数量的比值（R/S比值）来表示。R/S比值越大，根际效应越明显。当然R/S比值总大于1，一般为5~50，高的可达100。土壤类型对R/S比值有很大影响，有机质含量少的贫瘠土壤的R/S比值更大。植物生长势旺盛，也会使R/S比值增大。

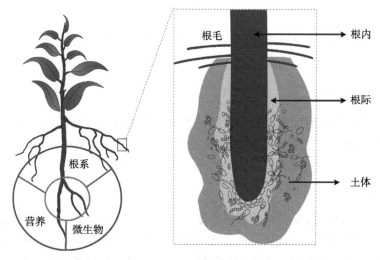

图 4-4　植物根际分区示意图（Zhao et al., 2019）

4.3.3　根际微生物

4.3.3.1　根际微生物的数量

总的来说，每克根际土壤中的微生物数量多于其所在的土体土壤，但因植物种类、品系、生育期和土壤性质不同，根际微生物数量有较大变异。在水平方向上，离根系越远，土壤微生物数量越少（表4-4）。

表 4-4　蓝羽扇豆根际微生物的数量　　　　　　　　　　　10^3 个/g 干土

距根距离（mm）	细　菌	放线菌	真　菌
0*	159 000	46 700	355
0~3	49 000	15 500	176
3~6	38 000	11 400	170
9~12	37 400	11 800	130
15~18	34 170	10 100	117
80**	27 300	9 100	91

* 根系表面；** 土体土壤

在垂直方向上，其数量随土壤深度增加而减少。通过平板计数法发现，通常每克根际土壤中，合10^6~10^7个细菌，合10^5~10^6个放线菌，合10^3~10^4个真菌。

4.3.3.2　根际微生物多样性

由于受到根系自身选择作用的影响，根际中的微生物的物种多样性通常要比其所在的土体土壤少。在根际微生物群落组成中，革兰氏阴性无芽孢细菌占优势，一般假单胞菌属（*Pseudomonas*）、农杆菌属（*Agrobacterium*）、黄杆菌属（*Flavobaterium*）、产碱菌属（*Alcaligenes*）、节细菌属（*Arthrobacter*）、分枝杆菌属（*Mycebacterium*）等的相对丰度较高。

4.3.3.3 根际有益微生物

自由生活在土壤或附生于植物根系的一类可促进植物生长及其对矿质营养的吸收和利用，或具有抑制有害生物的有益菌。常见的有益微生物有菌根真菌、木霉、芽孢杆菌、链霉菌等。

（1）菌根真菌

菌根是指某些真菌侵染植物的根系形成的共生体。菌根真菌与植物之间建立的这种相互有利的生理共生体，是真核生物之间实现共生关系的典型代表。菌根真菌菌丝从根部伸向土壤中，扩大了根对土壤养分的吸收，此外，其分泌的维生素、酶类和抗生素物质等可以促进植物根系的生长，同时，真菌还可以直接从植物获得碳水化合物以满足自身生长的需要，因而植物与真菌两者进行互惠，共同生活。

目前已发现2000多种可以和菌根真菌互利共生的植物，其中木本植物数量最多。根据菌根真菌与植物的共栖特点，可将菌根分成外生菌根、内生菌根和内外生菌根3类。

①外生菌根　主要分布在北半球温带、热带丛林地区高海拔处及南半球河流沿岸的一些树种上，大多是由担子菌亚门和子囊菌亚门的真菌侵染而成。此类菌根形成时，菌根真菌在植物幼根表面发育，共菌丝包在根外，形成很厚的、紧密的菌丝鞘，只有少量菌丝穿透表皮细胞，在皮层内2~3层内细胞间隙中形成稠密的网状——哈氏网（Harting net）。菌丝鞘、哈氏网与伸入土中的菌丝组成外生菌根的整体。能形成外生菌根的树种有很多，如松、云杉、冷杉、落叶松、栎、栗、水青冈、桦、鹅耳枥和榛子等。

②内生菌根　在根表面不形成菌丝鞘，真菌菌丝在根的皮层细胞间隙或深入细胞内发育，只有少数菌丝伸出根外。根据结构不同，内生菌根又可分为泡囊丛枝状菌根（简称VA菌根）、兰科菌根和杜鹃菌根。其中，VA菌根是内生菌根的主要类型，它是由内囊霉科的真菌侵染形成的。内生菌根发育在草本植物中较多，兰科植物具有典型的内生菌根。许多森林植物和经济林木能形成内生菌根，如柏、雪松、红豆杉、核桃、白蜡、杨、楸、杜鹃花、槭、桑、葡萄、杏、柑橘，以及茶、咖啡、橡胶等。

③内外生菌根　是外生型菌根和内生型菌根的中间类型。它们和外生菌根相同之处在于根表面有明显的菌丝鞘，菌丝具分隔，在根的皮层细胞间充满由菌丝构成的哈氏网。所不同的是它们的菌丝又可穿入根细胞内。已报道的内外生菌根有浆果鹃类菌根和水晶兰菌根，浆果鹃类菌根的菌丝穿入根表皮或皮层细胞内形成菌丝圈，而水晶兰菌根则在根细胞内菌丝的顶端形成枝状吸器。这类菌根可在许多林木的根部发育，如松、云杉、落叶松和栎树等。

菌根真菌对寄主植物主要有5个方面的作用：一是扩大了寄主植物根的吸收范围，

最显著的作用是提高了植物对磷的吸收;二是防御植物根部病害,菌根起到机械屏障作用,防御病菌侵袭;三是促进植物体内水分运输,增强植物的抗旱性能;四是增强植物对重金属毒害的抗性,缓解农药对植物的毒害;五是促进共生固氮。

(2) 木霉

木霉菌属真菌门半知菌亚门丝孢纲丝孢目丛梗孢科木霉属(*Trichoderma*),广泛存在于不同环境条件下的土壤中。大多数木霉菌可产生多种对植物病原真菌、细菌及昆虫具有拮抗作用的生物活性物质(如细胞壁降解酶类等);而且多数木霉生长快速,可在短时间内夺取水分、养分、抢占空间等,以致削弱同一生境中的某些病原菌的生长,从而提高农作物的抗逆性。此外,哈茨木霉可以产生植物激素(如IAA等)促进植物生长,因而被广泛用于病虫害的生物防治、功能生物肥料的生产等。

(3) 芽孢杆菌

芽孢杆菌(*Bacillus*),属厚壁菌门芽孢杆菌纲芽孢杆菌目芽孢杆菌科,是一类广泛分布于各种不同生活环境中的革兰氏阳性杆状好氧型细菌,在土壤和植物体内外普遍存在。芽孢杆菌营养需求简单,生长速度快、易于存活、定殖与繁殖,无致病性,在逆境时可以产生内生芽孢休眠体,因而具有抗逆性强的特点。在生长期间芽孢杆菌分泌的多种酶首先可以降解环境中的有害的物质(如部分除草剂、辛硫磷、丙溴磷等);其次,芽孢杆菌分泌的次级代谢产物如抗生素等,可以抑制土壤中某些有害微生物的生长;最后,芽孢杆菌在植物根际定殖后,可以产生大量的植物激素、铁载体和有机酸等,刺激根系的生长、促进作物生理代谢,形成良性的植物—土壤—微生物生态系统,从而有效提高作物品质。常见的有枯草芽孢杆菌(*Bacillus subtilis*)、解淀粉芽孢杆菌(*Bacillus amyloliquefaciens*)、巨大芽孢杆菌(*Bacillus megaterium*)等。

(4) 链霉菌

链霉菌属(*Streptomyces*),属放线菌门链霉菌科,为革兰氏阳性细菌,是放线菌门中最大的一个属,包含1000多个种。链霉菌在土壤中分布极广,在合成培养基上生长茂盛,少数是植物致病菌。该属的大多数是抗生素的产生菌而且产生抗生素的种类最多而著名(如链霉素、四环素、阿维菌素等),已知放线菌门所产抗生素中的90%由本属产生。代表种为白色链霉菌(*Streptomyces albus*)、金色链霉菌(*Streptomyces aureofacien*)、阿维链霉菌(*Streptomyces avermitilis*)。大部分链霉菌对植物具有促进生长、增强营养吸收、提高抵御生物与非生物逆境的能力等有益作用。

4.3.3.4 根际有害微生物

根际微生物既包括促进植物生长的有益微生物又包括抑制植物生长的有害微生物。许多微生物可以通过侵染、寄生或其他方式对植物造成不利甚至有害的影响,这些微生物称为有害微生物。有害微生物分为病原真菌、病毒、细菌和线虫4类。这些病原微生物的致病机制一般有3种,一是机械穿透作用;二是掠夺营养物质和水分;

三是化学致病作用。因此，根际微生物的生命活动在植物—土壤—微生物间的复杂关系中发挥了重要作用。植物的生长状态受到根际微生物种类、数量的直接影响，而且各种微生物之间也彼此影响，形成各种关系，既有协同联合、互惠互利，又有竞争制约、互相排斥。

4.4 土壤酶

土壤酶是指在土壤中产生专一生物化学反应的一类催化剂，是生态系统中最为活跃的生物活性物质。土壤中各种生物化学反应是在各类相应的土壤酶参与下完成的，因此，土壤酶活性表征了土壤生物活性的强弱，测定相应酶的活性，可以间接了解某种物质在土壤中的转化情况。

4.4.1 土壤酶来源与存在状态

土壤酶来源于土壤微生物、植物根系、土壤动物和进入土壤的动、植物残体。土壤酶按其存在状态可分为胞内酶和胞外酶。胞内酶是指存在于土壤中微生物和动、植物的活细胞及其死亡细胞内的酶。胞外酶是指以游离态存在于土壤溶液中或与土壤有机、矿质组分结合的脱离了活细胞和死亡细胞的酶。

4.4.2 土壤酶种类与功能

目前已发现的土壤酶逾50种，研究得最多的是氧化还原酶类、水解酶类和转化酶类。下文归纳了土壤中主要的酶类及其参与的酶促反应。

4.4.2.1 氧化还原酶类

氧化还原酶类是指土壤中参与有机质氧化还原（电子转移）的一类酶，在生物的能量传递和物质代谢方面具有重要作用，在土壤中广泛存在。主要包括土壤过氧化物酶、土壤过氧化氢酶、土壤硝酸还原酶和土壤脱氢酶。

4.4.2.2 水解酶类

水解酶类是一类催化化学键的水解的酶，能将蛋白质、多糖等大分子物质裂解成简单的、易于被植物吸收的水分物质，在土壤碳、氮循环过程中发挥着重要作用。主要包括土壤淀粉酶、土壤纤维素酶、土壤蛋白酶、土壤脲酶等。

4.4.2.3 转移酶类

转移酶类催化化合物某些基团的转移，即将一种分子上的某一基团转移到另一种分子上的反应，在核酸、脂肪和蛋白质代谢及激素合成转化过程中具有重要意义。反应机制：A·X + B ⟷ A + B·X。主要包括土壤转氨酶、土壤氨基转移酶、土壤葡聚糖酶等。

4.4.2.4 裂解酶类

裂解酶类是指催化多聚链从内部或端部裂解的酶类，催化有机化合物化学键非水解裂解或加成。主要包括土壤谷氨酸脱羧酶、土壤天冬氨酸脱羧酶和土壤芳香族氨基酸脱羧酶。

4.4.3 土壤酶活性及其影响因素

土壤酶活性是指土壤中酶催化生物化学反应的能力，可作为判断土壤生物化学过程强度、鉴别土壤类型、评价土壤肥力水平及鉴定农业技术措施的有效程度的指标。常以单位时间内单位土重的底物剩余量或产物生成量表示。

影响土壤酶活性的因素主要有土壤性质和耕作管理措施。

4.4.3.1 土壤性质

影响土壤酶活性的土壤性质主要有：

①土壤质地　质地黏重的土壤中的酶活性常高于质地较砂的土壤。
②土壤水分状况　渍水条件降低转化酶（如蔗糖酶）活性，但可提高脱氢酶活性。
③土壤结构　由于小粒径的团聚体含有较多的黏土矿物和有机质，小粒径团聚体的土壤酶活性常比大粒径团聚体强。
④土壤温度　在适宜的温度范围内，土壤酶活性随温度升高而升高。
⑤土壤有机质含量　一般情况下，土壤有机质含量高的土壤其酶活性较强。
⑥土壤pH值　不同土壤酶，其适宜pH值有一定差别。

4.4.3.2 耕作管理措施

影响土壤酶活性的耕作管理措施主要有施肥、灌溉、农药。

①施肥对土壤酶活性的影响　施用有机肥常可提高土壤酶的活性，施用矿质肥料对土壤酶活性影响因土壤、肥料和酶的种类不同而异，施用不含磷的矿质肥料常可提高磷酸酶的活性，而长期施用磷肥将降低磷酸酶活性，但在有机质含量低的土壤上施用磷肥会提高磷酸酶活性。
②土壤灌溉　灌溉增加脱氢酶、磷酸酶活性，但降低了转化酶活性。
③农药对土壤的影响　除杀真菌剂外，施用正常剂量的农药对土壤酶活性影响不大。施用农药后，土壤酶活性可能被农药抑制或增强，但其影响一般只能维持几个月，然后就恢复正常。只有长期施用农药导致土壤化学性质发生较大变化时，才会对土壤酶活性产生持久的影响。

拓展阅读

生活在地下的土壤肥力专家

蚯蚓又称"地龙",具有吞食泥土的习性和消化泥土的本领,在土壤内层掘穴前进的过程中,吞入土粒、腐殖质和微生物的混合物,经消化形成中性的孔隙状团粒结构,再通过体腔挤压作用排泄蚓粪,在这个过程中,蚓粪、孔道和洞穴形成了3种尺寸不同的土壤孔隙结构。由蚓粪构成的土壤结构具备良好的孔隙率和黏着力,通气性和持水性较高,能够防止耕作土壤表层发生板结,适宜作物生长;蚯蚓孔道可提高土壤含氧量和水分入渗率4~12倍,有助于大于2mm的大粒径团聚体的形成与土壤结构稳定性的提高,有效降低雨季地表径流,防止土壤侵蚀,避免土壤有机质流失;而蚯蚓爬过形成的洞穴有助于土壤迅速排水。此外,蚯蚓爬行时分泌的体液是一种良好的有机胶体黏合剂,洞穴附近的土粒被体腔液和体表液浸润之后,蚓穴附近形成了稳定的土壤结构,具有良好的保水保肥能力,有利于水分和空气的自由流通,适合于农作物根系在土壤内层的发育和生长。研究表明,在1英亩(4047m²)英格兰农场的土地中,有重约10t(10 516kg)的干土从蚯蚓体内经过。因此,英国生物科学家、进化论的奠基人达尔文称:"远在人类生存以前,土地实际上早已由蚯蚓修整过。当眺望广阔平坦的原野时,我们应该知道高低不齐的土棱被蚯蚓逐渐修平,肥沃丰腴的美景由蚯蚓不断耕耘"(张东光,2016)。

因此,目前某些先进小区在园林绿化带设置了"蚯蚓塔",如图4-5所示,该装置依据"土壤+蚯蚓+宠物粪便=肥料"的理念,将开了若干小洞的管子插入土中,蚯蚓和宠物粪便、瓜果皮等有机物一起放到管子里,勤劳的蚯蚓就会通过小洞在管子里钻进钻出,把腐败有机物当食物,既能松土,还能增加土壤肥力。

图4-5 "蚯蚓塔"装置

小 结

土壤生物是土壤的重要组成部分,主要包含土壤动物、土壤微生物,以及生活在土壤中的植物等。土壤中的生物种类繁多,常见的土壤动物有原生动物、线虫、蚯蚓等,微生物有细菌、真菌、藻类等。同时,土壤中生物代谢活跃,其活动可以改善土壤的物理性质、化学性质及生物质学性质(微生物组成),在土壤的形成及土壤肥力的形成和演变及高等植物的健康、生长中发挥着重要的作用。

思考题

1. 常见的园林土壤动物主要有哪些?它们在园林土壤中如何发挥作用?
2. 什么是光能自养微生物、光能异养微生物、化能自养微生物、化能异养微生物?异养微生物和自养微生物能源和碳源物质是否相同?各举例说明。
3. 细菌和真菌在结构上有什么不同?在土壤中各发挥什么重要作用?

4. 土壤微生物的呼吸类型有哪些?
5. 试用具体实例说明土壤生物在园林中的重要性。

推荐阅读书目

1. 土壤学（第四版）. 徐建明. 中国农业出版社，2019.
2. 中国土壤动物. 尹文英，等. 科学出版社，2000.
3. 微生物学教程（第4版）. 周德庆. 高等教育出版社，2019.

第 5 章 土壤有机质

土壤有机质是土壤固相的一个重要组成部分,它与土壤的矿物质共同成为林木营养的主要来源。土壤有机质的存在,改变或影响着土壤一系列物理、化学和生物学性质。土壤有机质在土壤中的含量虽然很少,仅占土壤质量的1%~10%,但它是土壤中最活跃的物质组成,对肥力因素水、肥、气、热影响很大,成为土壤肥力重要的物质基础。因此,了解有机质的性状及其在土壤中转化规律,采取积极有效的措施提高土壤有机质的含量,对改善土壤理化性质及提高土壤肥力是极其重要的。

土壤有机质是指只存在于土壤中的所有含碳的有机物质,它包括土壤中各种动植物残体、微生物体及其分解和合成的各种有机物质。广义的土壤有机质是指一定含水量的原状土,未经风干磨碎,在一定压力下通过一定筛孔后测定的土壤有机质含量。狭义的土壤有机质(腐殖质)是指土壤经人为或机械挑出异源有机物质、生命体形式和非生命体形式中未腐烂或半腐烂的动植物残体后,风干磨碎,通过一定的筛孔(2mm)测定的土壤有机物质总量。一般将其分为非腐殖物质和腐殖物质,腐殖物质又可分为胡敏酸(HA)、富里酸(FA)和胡敏素(Hu)。

5.1 土壤有机质来源和类型

5.1.1 土壤有机质来源

动植物、微生物的残体和有机肥料是土壤有机质的基本来源。其中,绿色植物,特别是高等植物的残体,是土壤有机质最重要的来源之一,占土壤有机质来源的80%

以上。这些植物残体水分含量很高，干物质只占25%左右，在干物质中，碳占44%，氧占8%，氮及灰分元素共占8%。灰分元素包括磷、钾、钙、镁及各种微量元素。土壤中的动物和多种微生物的主要作用在于改造有机质。在人类耕作利用土壤后，通过施入有机肥料的方法，增加土壤中有机质的数量，开辟了土壤有机质来源的又一条途径。

进入土壤的有机质一般呈现3种状态：

①新鲜的有机物　基本上保持动植物残体原有状态，其中有机质尚未分解。

②半分解的有机物　动植物残体已部分分解，失去了原有的形态特征，称为半分解有机残余物。

③腐殖质　在微生物作用下，有机质经过分解再合成，形成一种褐色或暗褐色的高分子胶体物质，称为腐殖质。腐殖质是有机质的主要成分，一般占土壤有机质总量的85%~90%。在森林土壤中，一般是指凋落物层中H层（Humus）。腐殖质可以改良土壤理化性质，既是植物营养的主要来源，也是土壤肥力水平高低的重要标志。

5.1.2　进入土壤的有机残体组成

一般来说，进入土壤的有机残体的化学成分，包括碳水化合物、木质素、脂肪、单宁、蜡质、树脂、木栓质、角质、含氮化合物和灰分元素等。

5.1.2.1　碳水化合物

碳水化合物由碳、氢、氧所构成，约占植物残体干重的60%，其中包括：

（1）可溶性糖类和淀粉

可溶性糖类和淀粉是广泛存在于植物体中的碳水化合物，如葡萄糖、蔗糖和淀粉等。单糖、寡糖和直链淀粉可溶于水中，在土壤中容易被微生物吸收利用，也能被水淋洗流失。这类有机质被微生物分解后产生二氧化碳和水，在嫌气条件下，可能产生氢气和氨气等还原性物质。

（2）纤维素和半纤维素

纤维素和半纤维素是植物细胞壁的重要成分，在植物残体中含量最高。两者均不溶于水，但在土壤微生物作用下缓慢分解，其中，半纤维素比纤维素易分解。室内实验结果表明，幼年植物的纤维素，在120天以后，分解率达75%~90%。

5.1.2.2　木质素

在植物的残体中，木质素的含量为10%~30%，平均占25%。木本植物中木质素的含量多于草本植物，木质素是木质部主要组成部分，也是木质化植物组织的镶嵌物质的总称，属于芳香族醇类化合物。木质素是最难被微生物分解的有机物质。

5.1.2.3　脂肪、蜡质、单宁和树脂

这些物质在植物残体中的含量为1%~8%，平均占5%。脂肪为高级脂肪酸与甘油所

组成的酯类，多存在于种子和果实中。蜡质是高级脂肪酸与高级一元醇（含2个羟基的醇类）所构成的酯类，多存在于种皮、外果皮和叶表面。单宁是多元酚的衍生物，主要分布在木本植物（如栎、柳、栗）的皮层中。树脂是酸、酚等类型的萜烯聚合的氧的衍生物，萜烯的组成为$C_{20}H_{30}O_2$。

上述这些物质除单宁外均不溶于水，它们的分解过程除脂肪稍快以外，一般都很慢，且极难彻底分解。

5.1.2.4 木栓质、角质

木栓质与角质存在于植物保护组织中，如树皮、孢子和花粉的膜内。这类物质抗化学和微生物分解能力强，能在土壤中长期保存。

5.1.2.5 含氮化合物

有机残体中的含氮化合物主要是蛋白质，它是原生质和细胞核的主要成分，占植物残体质量的1%~15%，平均占10%。此外，也有一些非蛋白质类型的含氮化合物，如几丁质、叶绿素、尿素等。这类物质在微生物的作用下分解为无机态氮，其中包括铵态氮和硝态氮。

5.1.2.6 灰分物质

灰分物质是指植物残体燃烧后所遗留下的灰烬物质。灰分中的主要物质为钙、镁、钾、钠、磷、硅、硫、铁、铝、锰等，此外还含有碘、锌、硼、氟等微量元素。植物残体中灰分含量随着林木的种类、树木的年龄和土壤类型而有所不同，一般占植物残体干物质质量的5%。树木的木质部和苔藓类灰分含量最低，仅占1%~2%；树木的叶子和皮层灰分含量为4%~5%；草本植物灰分含量为10%~12%，最多可达15%。

上述几类有机物成分的含量，在不同种类的植物残体中差异很大，高等植物，特别是木本植物富含半纤维素、纤维素和木质素等物质，而低等植物和细菌多含蛋白质类物质（表5-1）。

表 5-1　植物所含成分的组成　　　　　　　　　　　　　　　　　　　　　　　　　　　%

成　分	小麦秆	玉米秆	大豆顶梢	松　针	栎树叶
脂肪和蜡质	1.10	5.94	3.80	23.92	4.01
水溶性物质	5.57	14.14	22.09	7.29	15.32
半纤维素	26.35	21.91	11.08	18.98	15.60
纤维素	39.10	28.67	28.53	16.40	17.18
木质素	21.60	9.46	13.84	22.68	29.66
蛋白质	2.10	2.44	11.04	2.19	3.47
灰　分	3.53	7.54	9.14	2.51	4.68

5.2 土壤有机质分解和转化过程

各种动、植物有机残体进入土壤后,经历着多种多样的复杂的变化过程,这些过程总体来说向着2个方向进行:一是分解过程,即在微生物作用下,把复杂的有机质最后分解成为简单无机化合物的过程,称为有机质的矿质化过程;二是合成过程,即把有机质矿质化过程形成的中间产物,转变为组成和结构比原来有机化合物更为复杂的新的有机化合物,称为有机质的腐殖化过程。这2个过程均是土壤有机质分解过程不可分割的部分,它们之间既互相联系、互相渗透,又随着条件的改变而互相转化。

5.2.1 土壤有机质矿质化过程

进入土壤的有机质,在植物残体和微生物分泌的酶作用下,使有机物分解为简单有机化合物,最后转化为二氧化碳、氨、水和矿质养分(磷、硫、钾、钙、镁等简单化合物或离子),同时释放出能量。这个过程为植物和土壤微生物提供养分和活动能量,直接或间接地影响着土壤性质,并为合成腐殖质提供物质来源。

5.2.1.1 碳水化合物转化

淀粉、半纤维素、纤维素都是由葡萄糖分子组成的多糖,在真菌和细菌所分泌的糖类水解酶的作用下,分解成为葡萄糖:

$$(C_6H_{10}O_5)_n + nH_2O \longrightarrow nC_6H_{12}O_6$$
(淀粉、纤维素) （葡萄糖）

葡萄糖在好气条件下,在酵母菌和醋酸细菌等微生物作用下,生成简单有机酸(乙酸、草酸等)、醇类和酮类。这些中间物质在通气条件良好的土壤环境中继续氧化,最后完全分解成二氧化碳和水,同时释放出热量。

$$C_6H_{12}O_6 \xrightarrow{\text{酵母菌}} 2C_2H_5OH + 2CO_2$$
（乙醇）

$$C_2H_5OH + O_2 \xrightarrow{\text{乙酸细菌}} CH_3COOH + H_2O$$
（乙酸）

$$CH_3COOH + 2O_2 \xrightarrow{\text{乙酸细菌}} 2CO_2 + 2H_2O + \text{热量}$$

在通气不良的土壤条件下,由嫌气性细菌和兼嫌气性细菌对葡萄糖进行嫌气性分解,形成有机酸类中间产物,最后产生氨气、氢气还原性物质。

$$C_6H_{12}O_6 \longrightarrow CH_3CH_2CH_2COOH + 2CO_2 + 2H_2$$
（丁酸）

$$2CH_3CH_2CH_2COOH + 2H_2O \longrightarrow 5CH_4 + 3CO_2$$
（沼气）

土壤碳水化合物分解过程是极其复杂的,在不同的环境条件下,受不同类型微生物的作用，产生不同的分解过程。这种分解过程实质上是能量的释放过程，这些能量是促进土壤中各种生物化学过程的基本动力，也是土壤微生物生命活动所需能量的重要来源。一般来说，在嫌气条件下，各种碳水化合物分解时释放出的能量比在好气条件下释放出的能量要少得多。

5.2.1.2 含氮有机化合物转化

土壤中含氮有机化合物分为2种类型，一是蛋白质类型，如各种类型的蛋白质；二是非蛋白质类型，如几丁质、尿素和叶绿素等。这些物质在土壤中均在微生物分泌酶的作用下，最终分解为无机态氮（主要是铵态氮和硝酸态氮）。下面以蛋白质为例介绍其分解转化步骤。

（1）水解过程

蛋白质在微生物所分泌的蛋白质水解酶的作用下，分解成为简单氨基酸类含氮化合物。

$$蛋白质 \longrightarrow 水解蛋白质 \longrightarrow 消化蛋白质 \longrightarrow 多肽 \longrightarrow 氨基酸$$

（2）氨化过程

氨基酸在多种微生物及其分泌酶的作用下，进一步分解成氨，这种氨基酸脱氨作用称为氨化作用。氨化作用在好气、嫌气条件下均可进行。参与氨化作用的有细菌（如氨化细菌）、放线菌和真菌等多种异养型土壤微生物。

（3）硝化过程

在通气条件良好时，氨在土壤微生物作用下，可经过亚硝酸的中间阶段，进一步氧化转化为硝酸，这个由氨转化为硝酸的过程称为硝化作用。亚硝酸转化硝酸的速度，一般比氨转化为亚硝酸的速度要快，所以土壤中的亚硝酸盐的含量在通常情况下是比较少的。

$$2NH_3 + 3O_2 \xrightarrow{亚硝酸细菌} 2HNO_2 + 2H_2O + 662kJ$$

$$2HNO_2 + O_2 \xrightarrow{硝酸细菌} 2HNO_3 + 201kJ$$

必须指出的是，硝态氮在土壤通气不良的情况下，会还原成气态氮（N_2O和N_2），这种生化反应称为反硝化作用。很多种细菌都能进行反硝化作用，这类细菌称为反硝化细菌。反硝化细菌都是兼嫌气性的，在好气、嫌气条件下都能生存。在好气条件下，反硝化细菌以硝酸为最终受氢体，产生亚硝酸、一氧化二氮、氮气，这种作用也称为脱氮作用。

5.2.1.3 脂肪、单宁和树脂转化

脂肪在微生物分泌的脂肪酶作用下，分解为甘油和脂肪酸。甘油比较容易被分解成为二氧化碳和水，而长链的脂肪酸则较难分解，只有在通气良好的条件下，在多种微生

物共同作用下，才能分解成二氧化碳和水，并释放一定的能量。

单宁在真菌作用下可分解成葡萄糖和没食子酸，葡萄糖先氧化成简单的有机酸，最后分解成二氧化碳和水，没食子酸则较难分解。一般情况下，单宁分解速率缓慢而又不彻底，同时会产生一些酸性物质。

树脂更不易分解，只有在氧充足的条件下，经多种微生物作用，才能分解生成有机酸、碳氢化合物和醇类。与好气条件相比，在嫌气条件下树脂分解速率更慢。

5.2.1.4 含磷、硫有机化合物转化

土壤中有机态磷、硫等物质，只能经过各种微生物作用，分解成为无机态可溶性物质后，才能被植物吸收利用。

（1）含磷有机化合物的分解

土壤表层全磷量中有25%~50%是以有机磷状态存在的，主要有核蛋白、核酸、磷脂、核素等。这些物质在多种腐生性微生物作用下，分解的最终产物为正磷酸及其盐类，可供林木吸收利用。异养型细菌、真菌、放线菌都能引起这种作用，其中，磷细菌的分解能力最强。含磷有机化合物在磷细菌作用下，经水解而产生磷酸。

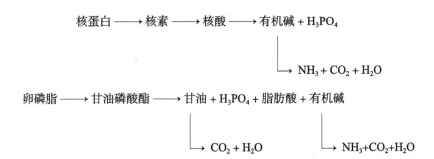

在嫌气条件下，很多嫌气性土壤微生物能引起磷酸还原作用，产生亚磷酸，并进一步还原成磷化氢。

（2）含硫有机化合物的分解

土壤中含硫的有机化合物，如含硫蛋白质、胱氨酸等，经过微生物的腐解作用产生硫化氢。硫化氢在通气良好的条件下，在硫细菌的作用下氧化成硫酸，并和土壤中的盐基离子生成硫酸盐，不仅消除硫化氢的毒害作用，还能成为林木容易吸收的硫素养分。

$$含硫蛋白质 \longrightarrow 含硫氨基酸 \longrightarrow H_2S$$
$$2H_2S + O_2 \longrightarrow S_2 + 2H_2O + 528kJ$$
$$S_2 + 2H_2O + 3O_2 \longrightarrow 2H_2SO_4 + 1231kJ$$

在土壤通气不良的条件下，已经形成的硫酸盐也可以还原成H_2S，即发生反硫化作用，造成硫素的逸失。当H_2S积累到一定程度时，对林木的根系有毒害作用。

5.2.2 土壤有机质腐殖化过程

在有机物质矿质化过程的同时,土壤中还进行着另一种复杂的过程,即腐殖化过程,其最终产物是腐殖质。腐殖质是一系列有机化合物的混合物,也是土壤的有机胶体。

腐殖质的形成是一个非常复杂的问题。微生物是整个有机残体腐殖化过程的主导者。微生物促进腐殖质的形成依靠酶的作用,有机质的分解主要靠水解酶,合成腐殖质则主要依靠氧化酶的作用。腐殖质的形成过程目前尚未完全研究清楚,一般认为可能经历2个阶段。

5.2.2.1 第一阶段(分解阶段)

微生物将有机残体分解并转化为简单的有机化合物,一部分经矿质化作用转化为 CO_2、H_2O、NH_3、H_2S 等无机化合物。转化过程中,诸如木质素等成分,由于结构相当稳定,不易彻底分解,从而保留其原来芳核结构的降解产物。同时,微生物本身的生命活动又产生再合成产物和代谢产物,其中有芳香族化合物(多元酚)、含氮化合物(氨基酸或肽)和糖类等物质(图5-1)。

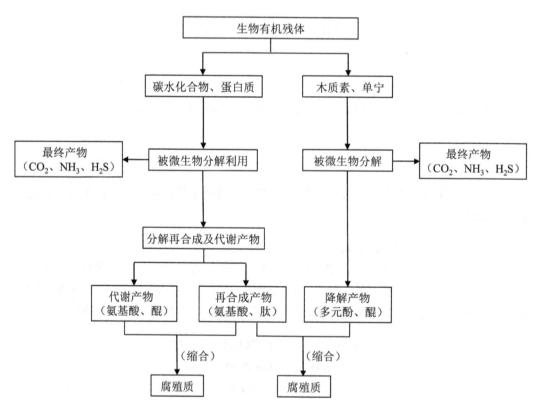

图 5-1 分解阶段

5.2.2.2 第二阶段（合成阶段）

各组成成分，主要是芳香族物质和含氮化合物，在微生物作用下经缩合形成腐殖质单体分子。首先是许多微生物群分泌酚氧化酶，将多元酚氧化成醌，醌再与含氮化合物缩合成原始腐殖质。

5.2.3 影响土壤有机质分解的因素

土壤有机质分解转化受各种因素的影响，在不同的条件下，有机质转化的方向、速率和产物均不同，对提供养分、能量和改善土壤性质的作用也不同。概括地说，森林有机物分解速度主要取决于2个方面：内因是林木凋落物的特性，外因是其所处的环境条件。

5.2.3.1 林木凋落物的特性

新鲜多汁的凋落物比干枯秸秆易于分解，由于前者含有较高比例的简单碳水化合物和蛋白质，后者有较高比例的纤维素、木质素、脂肪、蜡质等较难降解的有机物。

不同树种的凋落物，因其组成的化学成分不同（如水溶性糖类、半纤维素、纤维素、木质素、脂肪、树脂等含量），分解转化速度差异很大（表5-2）。主要表现在凋落物中易分解部分（如糖类、蛋白质类）与难分解部分（如木质素、单宁、树脂等）之间的比例。一般来说，针叶树比阔叶树难以分解，如云杉的针叶中含有树脂及杀菌物质较多，分解很慢，26~28周后仅分解24.6%，而新鲜的柞树叶子在同一时期则分解45%。即便是阔叶树，由于树种不同，分解速率差异也很大（表5-3）。

林木凋落物的碳氮比对分解速率也有一定的影响。碳氮比（C/N）是指有机质中碳总量与氮总量之比。碳氮比的大小依林木凋落物的种类和老嫩程度不同而不同。因为有

表5-2 冷杉木材的化学成分在分解过程中的变化（以干质量计）

类型	化学成分（%）				
	纤维素	多缩戊糖	甲氧基类	碱溶解的物质	甲基多缩戊糖
新鲜木材	58.96	7.16	3.94	10.61	2.64
部分分解的木材	41.66	6.79	5.16	38.10	3.56
完全分解的木材	8.47	2.96	7.80	65.31	6.06

表5-3 一些阔叶树凋落物的分解速度（张琴 等，2014）

凋落物类型	不同时间收集的凋落物残留率（%）				
	0d	30d	72d	120d	395d
红 松	100	95.8 ± 2.13	86.1 ± 1.91	78.0 ± 3.78	52.4 ± 2.43
蒙古栎	100	81.0 ± 3.62	66.8 ± 3.78	62.9 ± 2.14	41.4 ± 1.85
紫 椴	100	53.0 ± 2.33	45.4 ± 0.85	43.4 ± 1.09	17.3 ± 2.10
色木槭	100	72.5 ± 1.88	59.9 ± 2.79	53.3 ± 3.63	22.6 ± 3.15

机碳是微生物活动能量的来源，氮是构成微生物自身细胞的组成物质，C/N大小，关系到微生物的繁殖和活动能力的大小，从而也直接影响着有机质的分解速率。一般来说，当有机质C/N在25∶1左右时，微生物活动最旺盛，有机质分解速率也最快。当有机质C/N大于25∶1时，分解速率就会减慢。如果有机质C/N达70∶1~80∶1以上，则有机质很难分解。研究表明，针叶林凋落物通常保持相当高的碳量，C/N很高，从而在凋落初期不易被微生物分解。阔叶林中的凋落物，C/N较低，比较容易被微生物分解。

5.2.3.2 外界环境条件

影响土壤有机质分解的外界环境因素，主要是土壤温度和湿度、通气状况和土壤质地、土壤酸碱度。

（1）土壤温度和湿度

微生物的生存及对有机质的分解需要适宜的温度和湿度。当土壤温度在30℃左右，土壤含水量接近土壤饱和水量的60%~80%时，既有一定数量的空气又有适当的水分，最有利于微生物活动，有机质的分解强度最大。当土壤温度和湿度低于或高于最适点时，由于微生物正常活动受到影响，从而减弱有机质的分解强度。当土壤温度和湿度2个因素中一个数值增大，同时另一个数值减小时，微生物活动状况和有机质分解的强度则受不利因素所制约。

（2）土壤通气状况

土壤通气状况明显地影响着有机质的分解程度和转化方向。土壤通气状况常与土壤质地和水分状况有直接关系。在砂性土壤中，土壤保水力弱，通气良好，好气性细菌和真菌活跃，一般以好气性分解占优势，不利于土壤中腐殖质的积累。在黏性土中，保水力强，通气性差，嫌气性细菌活跃，有利于嫌气性生物化学反应过程进行，有机质分解速度缓慢，利于土壤中腐殖质的积累。近年研究表明，腐殖化过程主要是在好气与嫌气条件交替作用下进行的。因此，要达到土壤中既有充足的有机质储量，又能保证植物所需有效养分的及时供应，必须采取措施调节土壤通气性能，使好气性分解和嫌气性分解协调进行，以保证有足够数量的腐殖质积累于土壤之中。

（3）土壤质地

土壤质地在局部范围内影响土壤有机质的分解和积累。土壤有机质的含量与其黏粒含量呈显著正相关，黏质土和粉质土壤往往比砂质土壤含有更多的有机质。同时，腐殖质和黏粒胶体结合形成的黏粒（即腐殖质复合体），可以防止有机质被分解，免受微生物的破坏。

（4）土壤酸碱度

土壤酸碱度也影响着有机质的转化和腐殖质的形成，原因在于土壤酸碱度对各种微生物类群的活动有直接影响。各种微生物都有其最适宜活动的pH值范围。酸性环境适合于真菌活动，容易产生活动性较强的富里酸型腐殖质；中性环境适合于细菌繁殖，容易产生相对稳定的胡敏酸型腐殖质；微碱性条件适于硝化细菌活动，而氨化细菌和纤维素分解细菌等多种微生物，均适于在微酸性至微碱性环境条件下活动。对大多数微生物来说，pH值过低（pH<5.5）或过高（pH>8.5），均会影响其活动，从而不利于有机质的矿化。

综上所述，影响土壤有机质转化的因素是多方面的，如林木凋落物的组成，土壤理化性状，自然环境条件，人类的生产活动等，各个因素之间是相互联系、相互制约、综合作用的。在生产实践中，必须仔细分析影响有机质转化的各种因素，做到有目的地调节有机质的转化方向和速度。

5.3 土壤有机质作用

5.3.1 有机质在土壤肥力上的作用

（1）植物养分的重要来源

土壤有机质是作物所需的氮、磷、硫、微量元素等各种养分的主要来源，特别是氮素，土壤中的氮素95%以上是有机态的，随着有机质的逐步矿化，这些养分可直接经过微生物的降解和转化，成为矿质盐类（如铵盐、硫酸盐、磷酸盐），以一定的速率不断地释放出来，供作物和微生物利用。如前所述，腐殖物质作为一个整体，其矿化的速率是很慢的，但其含氮多的组分（如氨基酸与多肽等含氮物质）则较易矿化，氮素矿化率可达4%~6%，为作物氮素的主要供给源。在苏州地区高产栽培条件下，单季稻吸氮含量的70%、双季稻吸氮含量的50%是来自土壤有机质的矿化。

土壤中磷的有效性低主要是由于土壤对磷具有强烈的固定作用，有机质可以降低磷的固定而提高土壤中磷的有效性及磷肥的利用率。有机质也能增加土壤微量元素的有效性。

此外，土壤有机质在其分解过程中，还可产生多种有机酸（包括腐殖酸本身），一方面，它们对土壤矿质部分有一定的溶解能力，促进风化，有利于某些养料的有效化；另一方面，还能络合一些多价金属离子，使之保留于土壤溶液中不致沉淀而增加有效性。

（2）提高土壤的蓄水保肥和缓冲能力

腐殖质因带有正负2种电荷，故可吸附阴、阳离子；又因其所带电性以负电荷为主，所以它吸附的离子主要是阳离子。其中，作为养料的主要有K^+、NH_4^+、Ca^{2+}、Mg^{2+}等。这些离子一旦被吸附就可避免随水流失，而且能随时被根系附近H^+或其他阳离子交换出来，供作物吸收，仍不失其有效性。

腐殖质保存阳离子养分的能力，要比矿质胶体大几倍甚至几十倍，因此，保肥力很弱的砂土，在增施有机肥以提高其腐殖质含量后，不仅增加了土壤中养分含量，改良了砂土的物理性质，还能提高其保肥能力。

腐殖酸是一种含有许多酸性功能团的弱酸，所以在提高土壤腐殖物质含量的同时，还提高了土壤对酸碱度变化的缓冲性能。

（3）促进团粒结构形成，改善物理性质

土壤有机质，特别是多糖和腐殖物质在土壤团聚体形成和稳定性方面起着重要作用。它们在土壤中主要以胶膜形式包被在矿质土粒的外表。由于其黏结力比砂粒强，在施用于砂土后，一方面，增加了砂土的黏性，可以促进团粒结构的形成。另一方面，它们松软、絮状、多孔，而黏结力又不像黏粒那样强，所以黏粒被它们包被后，易形成散碎的团粒，使土壤变得比较松软而不再结成硬块。这说明土壤有机质既可以改变砂土的分散无结构状态，又能改变黏土的坚韧大块结构，从而使土壤的透水性、蓄水性及通气性都有所改善。对农事操作而言，由于土壤耕性好，耕翻省力，适耕期长，耕作质量也相应地提高。

腐殖质对土壤热状况也有一定影响。这是由于腐殖质是一种暗褐色物质，它被包被于土粒表面，只要有少量存在，就能明显地加深土壤颜色，使之由浅灰色转呈深灰色、褐色、栗色甚至黑色。深色土壤吸热升温快，在同样日照条件下，其土温相对较高，从而有利于春播作物的早发速长。

（4）提高土壤生物和酶的活性

土壤有机质含碳丰富，蕴藏着很大的潜在能，是土壤微生物生命活动所需养分和能量的主要来源。土壤微生物生物量会随着有机质含量的增加而增加，但由于土壤有机质矿化率低，不会像新鲜植物残体那样对微生物产生迅猛的激发效应，而是持久稳定地向微生物提供能源。因此，在有机质多的土壤中，肥力平稳而持久，不易产生作物猛发或脱肥现象。

土壤有机质通过刺激微生物和动物的活性增加土壤酶的活性，从而直接影响土壤养分转化的生物化学过程。

（5）促进植物生长发育

腐殖酸已被证明是一类生理活性物质，能加速种子发芽，增强根系活力，促进植物生长。就胡敏酸而言，其具有芳香族的多元酚官能团，可以加强植物的呼吸过程，提高细胞膜的透性，促进养分进入植物体，还能促进新陈代谢，细胞分裂，加速根系和地上部分的生长。但必须指出：有机质在分解时也可能产生一些不利于植物生长或甚至有毒害的中间产物，特别是在嫌气条件下，这种情况更容易发生。如一些脂肪酸（乙酸、丙酸、丁酸等）积累到一定浓度时会对植物产生毒害作用。

5.3.2 有机质在生态环境中的作用

（1）减少土壤中农药的残留量和重金属的毒害

土壤有机质对农药等有机污染物有强烈的亲和力，对农药在土壤中的生物活性、残留、生物降解、迁移及蒸发等过程的影响很重要，其对农药的固定与腐殖物质功能基的

数量、类型和空间排列密切相关，也与农药本身的性质有关。可溶性腐殖质能增加农药从土壤向地下水的迁移，富里酸有较低的相对分子质量和较高酸度，比胡敏酸更可溶，可以有效地迁移农药和其他有机物质。据报道，褐腐酸能吸收和溶解三氮杂苯除莠剂及某些农药。农药DDT在0.5%褐腐酸钠的水溶液中的溶解度比在水中至少大20倍，这就使DDT容易从土壤中排出去。

土壤有机质和重金属的络合螯合作用对土壤与水体中的重金属离子固定和迁移影响很大。土壤腐殖物质含有多种功能基团，它们对重金属离子有较强的络合作用与富集能力。各种功能基对金属离子的亲和力：—NH_2（氨基）>—N=N（偶氮化合物）>N（环氮）>COO—（羧基）>—O—（醚基）>—C=O（羰基）。

重金属离子的存在形态受到腐殖物质的络合作用和氧化还原作用的影响。胡敏酸可作为还原剂将有毒的Cr^{6+}还原成Cr^{3+}，而Cr^{3+}会与胡敏酸上的羧基形成稳定的复合体，从而减少对动植物的危害及对土壤的污染。

腐殖酸对无机矿物具有一定的溶解作用，其对矿物的溶解作用实际上是对金属离子的络合、吸附和还原作用的综合结果。

（2）对全球碳平衡的影响

据估计，全球土壤有机质的总碳量在$14×10^{17}$~$15×10^{17}$g，是陆地生物总碳量的2.5~3倍。虽然矿物燃料燃烧是导致大气CO_2浓度增加的一个重要原因，但全球土地利用方式发生改变导致的土壤有机质分解也产生了大量的CO_2。土壤有机质的损失对地球自然环境具有重要影响，其对全球气候变化的影响将不亚于人类活动向大气排放的影响。

土壤有机质是全球碳平衡过程中极其重要的碳库。森林土壤有机质是碳和氮动态存储的重要体现，相关过程会释放植物可利用的氮和温室气体CO_2、N_2O。与早期形成的稳定土壤氮、碳库相比，我们对于植物凋落物早期的分解过程了解更多，传统理论也认为难分解植物组分的选择性保存对土壤有机质稳定性至关重要。最新研究表明，所有植物来源的有机质都会逐渐降解，而那些保存较久的老有机质主要由微生物来源的化合物组成。据此，有研究提出，在北方森林中，与树木共生的外生菌根真菌积极参与了难降解有机质的形成。

在陆地生态系统中，土壤中储存的有机碳总量远远大于植物生物量中储存的有机碳总量。全球森林正在经历严重的砍伐和退化。土地退化会影响土壤有机质的水平和动态，在全球变化加速的情况下，土壤有机质的水平和动态受到越来越多的挑战。由于森林潜在的碳汇效应，通过重新造林来加强有机碳储量已成为人们关注的焦点，通过植被恢复促进土壤有机质积累是当前人类提升生态系统固碳及其可持续性的主要管理途径。此外，我国森林资源中幼龄林面积占森林面积的60.94%。由于中幼龄林处于高生长阶段，随着森林质量不断提升，其拥有较高的固碳速率和较大的碳汇增长潜力，这对我国碳达峰、碳中和具有重要作用。

拓展阅读

园林土壤有机质如何调节与改良

土壤有机质的数量和质量是土壤肥力的重要特征。对于园林土壤来说，提高土壤有机质含量，可以有效改善土壤微生物和营养状况，从而提高园林土壤的生产力。

（1）增施有机肥

针对苗圃土壤和瘠薄的园林绿化地、果园等，增施有机肥料是提高土壤有机质含量的主要措施。主要的有机肥源有粪肥、作物秸秆、绿肥、厩肥、堆肥、沤肥等。各地可以因地制宜选择施用适合的有机肥源。据研究，施入土壤中的有机质，一般能有2/3~3/4被分解，其余则转化为腐殖质积累在土壤中。

有机物本身的成分是影响其分解的重要因素之一。在施用碳氮比（C/N）较大的有机肥时，可以适当添加一些含氮量大的腐熟的有机肥和化学氮肥，通过缩小碳氮比以促进有机质的转化。

（2）行间生草或人工种植牧草

行间生草或人工种植牧草是果园果树生产中常见的管理措施，不但能够降低土壤表面蒸发、调节土壤温度、减少连年清耕引起的土壤结构的破坏，而且连年间作的植物残体在土壤中腐烂，有效提高了果园土壤的有机质含量，同时改善了土壤微生物及养分，从而提高了果树的生产效率。有研究表明，多年间作提高砂地梨园土壤表层和亚表层有机质含量，有效改善了土壤肥力状况。其中，在砂地梨园多年种植黑麦草和白三叶对土壤有机质含量影响不同，以多年种植黑麦草效果较好。

（3）保留树木凋落物

树木凋落物是林地（园林绿化）土壤有机质的主要来源之一。将树木凋落物经过一定的处理（例如统一收集后，经高温堆腐杀菌后，制成堆肥），返还给林地，也是提高土壤有机质含量的有效举措。值得注意的是，如果凋落物未经处理直接覆盖于树下，其可能会携带病虫源，从而产生一定的危害。

（4）调节土壤水、气、热等状况

土壤微生物的生活条件得到正常满足时，有机质才能正常转化，矿化和腐殖化才能得以协调。在生产中可以通过灌排、耕作等方式，改善土壤水、气、热等状况，以调节土壤有机质有效转化。

小　结

土壤有机质是指只存在于土壤中的所有含碳的有机物质，它包括土壤中各种动植物残体、微生物体及其分解和合成的各种有机物质。本章主要阐述了土壤有机质的来源和组成、土壤有机质的分解和转化过程及影响因素、土壤有机质在土壤肥力和生态环境上的作用这3个方面的重点内容。在本章后，通过拓展阅读，阐明了针对园林土壤，有机质调节与改良的主要管理措施。

思考题

1. 为什么开垦土壤后土壤有机质普遍减少？
2. 土壤有机质的来源有哪些？它对土壤肥力及生态环境有什么作用？

推荐阅读书目

1. 土壤学（第四版）. 徐建明. 中国农业出版社，2019.
2. 土壤学（第2版）. 孙向阳. 中国林业出版社，2021.

第6章 土壤矿物质

土壤的固体部分称为土粒。固体土粒由矿物质和有机质两部分组成，土壤的矿物质部分占土壤固体部分质量的95%以上，土壤的矿物质部分是土体的骨架，对土壤性质有极大影响。

6.1 矿物质土粒粗细分级

6.1.1 土粒大小分级

土粒的大小很不均一。在自然情况下，这些大小不一的土粒，有的单个存在于土壤中，称为单粒，有的则相互黏结成为聚集体，称为复粒。土粒的分级是根据各种矿物质单粒的大小进行的，而不是以那些由不同单粒聚集起来的复粒为标准的。

通常将土壤单粒依它们的直径大小排队，按一定的尺度范围归纳为若干组，这些单粒组就称为粒级，各国的粒级划分标准不一致。目前，常用的有4种分级标准（表6-1）。

（1）国际粒级制

国际粒级制划分标准原为瑞典土壤学家爱特伯（A.Atterberg）所拟定，经国际土壤学会同意后采用。该制分为4个基本粒组，即砾、砂、粉、黏，其分类标准为十进制，简明易记，多为西欧国家采用。我国也曾用过，直到现在仍有不少土壤学者赞成用此制度。

表 6-1 土壤粒级制

当量粒径（mm）	中国制（1987）	卡庆斯基制（1957）	美国农部制（1951）	国际制（1930）
3~2	石砾	石砾	石砾	石砾
2~1	石砾	石砾	极粗砂粒	石砾
1~0.5	粗砂粒	物理性砂粒	粗砂粒	粗砂粒
0.5~0.25	粗砂粒	物理性砂粒	中砂粒	粗砂粒
0.25~0.2	细砂粒	物理性砂粒	细砂粒	细砂粒
0.2~0.1	细砂粒	物理性砂粒	细砂粒	细砂粒
0.1~0.05	细砂粒	物理性砂粒	极细砂粒	细砂粒
0.05~0.02	粗粉粒	物理性砂粒	粉粒	粉粒
0.02~0.01	粗粉粒	物理性砂粒	粉粒	粉粒
0.01~0.005	中粉粒	中粉粒	粉粒	粉粒
0.005~0.002	细粉粒	细粉粒	粉粒	粉粒
0.002~0.001	粗黏粒	物理性黏粒 细粉粒	黏粒	黏粒
0.001~0.0005	细黏粒	黏粒 粗黏粒	黏粒	黏粒
0.0005~0.0001	细黏粒	黏粒 细黏粒	黏粒	黏粒
<0.0001	细黏粒	黏粒 胶质黏粒	黏粒	黏粒

（2）美国农部粒级制

1951年在土壤局制基础上修订，把黏粒上限从5μm下降至2μm，这是根据当时对胶体的认识而定。这一黏粒上限已为世界各国粒级制所公认和采用。农部制在美国土壤调查和有关农业的土壤测试中应用，在许多国家称"美国制"。近年来在我国土壤学教本中介绍较多。

（3）卡庆斯基粒级制

苏联土壤学家卡庆斯基修订（1957）而成，该制先分为粗骨部分（>1mm的石砾）和细土部分（<1mm的土粒），然后把后者以0.01mm为界分为"物理性砂粒"与"物理性黏粒"2大粒组，意即其物理性质分别类似于砂粒和黏粒。因为前者不显塑性、胀缩性而且吸湿性、黏结性弱，后者有明显的塑性、胀缩性、吸湿性和黏结性，尤以黏粒级（<1μm）为强。0.01mm和0.001mm正是各粒级理化性质的2个转折点。自20世纪50年代以来，我国土壤机械分析多采用卡庆斯基制，曾通称"苏联制"。

（4）中国粒级制

在卡庆斯基粒级制的基础上修订而来，在《中国土壤》（第二版，1987）中正式公布。它把黏粒的上限移至公认的2μm，而把黏粒级分为粗（2~1μm）、细（<1μm）2个粒级，后者即卡庆斯基制的黏粒级，从理化性质看，粗、细黏粒的差异甚大。

6.1.2 粒级基本特征

不同粒级各有其特性，这些特性将对土壤肥力产生深刻影响。

（1）砂粒

酸性岩山体的山前平原和冲积平原土壤中常见，矿物组成主要是石英等原生矿物。砂粒由于比表面积小，经受化学风化的机会也少，养分元素释放缓慢，有效养分贫乏。由于单位体积土体中土粒的总面积小，土粒的表面吸湿性和吸肥力都很弱。又因其粒间孔隙大，透水容易，排水快，通气良好，但易溶性的养分也易随水流失。砂粒的另一个特点是它们不会因干湿而胀缩。

（2）黏粒

黏粒是化学风化的产物，其矿物组成以次生矿物为主，在某些土壤类型的黏化层中含量较多。黏粒颗粒细小，以化学成分而言，二氧化硅（SiO_2）含量比砂粒和粉粒要少得多。粒子细，表面吸湿性强，黏粒间孔隙很小，有显著的毛管作用，因而透水缓慢，排水困难，通气不畅。黏粒有很强的黏结力，常呈土团或土块；单独的黏粒很多呈片状，所以黏土的可塑性和胀缩现象显著，干时土块易龟裂。黏粒本身含养料丰富，而且因为土粒细小，单位体积土体中土粒的总表面积异常巨大，黏粒中的微细者具有胶体特征，能吸附养分，所以土粒的表面吸肥力和整个土体的保肥力都较强，有效养分的储量较多。由于黏粒是土壤形成过程中的新产生物，其类型和性质能反映出土壤形成的条件和进程。

（3）粉粒

颗粒大小介于黏粒和砂粒之间。其矿物成分中有原生的，也有次生的，如非晶质的二氧化硅（SiO_2）等。粉粒只有微弱的可塑性和胀缩性；黏结力在湿时明显，干时减弱。它们的很多性质介于黏粒和砂粒之间。

6.2 土壤质地分类

6.2.1 土壤机械组成和质地

6.2.1.1 土壤机械组成

根据土壤机械分析，分别计算其各粒级的相对含量，即土壤中各级土粒所占的质量百分数称为土壤机械组成（或称土壤颗粒组成），并可由此确定土壤质地。

土壤机械组成数据是研究土壤最基本的资料之一，有很多用途，尤其是在土壤模型研究和土工试验方面。归纳起来，其用途主要有土壤比面估算、确定土壤质地和土壤结构性评价3个方面。这三者，又可衍生出许多其他用途。早期曾以"理想土壤"与土壤机械组成资料一起，建立了各种物理-数学模型，研究土壤孔隙、渗透、吸附和盐分移动等，随着计算机的运用，20世纪90年代初已在大尺度的土壤水文状况和污染监测中研究应用。

6.2.1.2 土壤质地

（1）概念

土壤机械组成基本相近的土壤常常具有类似的肥力特性。为了区分因土壤机械组成不同所表现出来的性质差别，人们按照土壤中不同粒级土粒的相对比例把土壤分为若干组合，依据土壤机械组成相近与否而划分的土壤组合称为土壤质地。有人主张："土壤机械组成又叫土壤质地"，这是把2个有紧密联系而不同的概念混淆，因为每种质地土壤的机械组成都是有一定变化范围的。土壤质地的类别和特点，主要继承了成土母质的类型和特点，又受到耕作、施肥、灌排、平整土地等人为因素的影响。一般可分砂土、壤土和黏土3类质地，它们的基本性质不同，因而在农田种植、管理或工程施工上有很大差别。这3类质地中，其机械组成均有一定的变化范围，因而又可细分为若干种质地的名称。质地是土壤的一种十分稳定的自然属性，反映母质来源及成土过程某些特征，对肥力有很大影响，因而常将其用作土壤分类系统中基层分类的依据之一。因此，在制定土壤规划、进行土壤改良和管理时必须考虑到土壤的质地类型。

（2）质地分类制

古代的土壤质地分类是根据人们对土壤砂黏程度的感觉（类似于现在的"指测法"）及其在农业生产上的反映。在《禹贡》中把土壤按其质地分为砂、壤、埴、垆、涂和泥6级，记载了各种质地土壤的一些特征。19世纪后期，开始测定土壤机械组成并由此划分土壤质地，至今在世界各国提出了几十种土壤质地分类制，但尚缺为各国和各行业公认的土壤粒级—质地制，影响到互相交流。这里介绍几种国内外使用多年的土壤质地分类制：国际制、美国农部制和卡庆斯基制。它们都是与其粒组分级标准和机械分析前的土壤（复粒）分散方法相互配套的。

在众多的质地制中，有三元制（砂、粉、黏三级含量比）和二元制（物理性砂粒和物理性黏粒两级含量比）2种分类法，前者如国际制、美国农部制及多数其他质地制，后者如卡庆斯基制。有的还考虑不同发生类型土壤的差异。但有一个共同点，都是粗分为砂土、壤土和黏土3类，不同质地制的砂土（或黏土）之间，农业利用上和工程建设上表现是大体相近的。

①国际质地制　1930年与其粒级制一起，在第二届国际土壤学会上通过。根据砂粒（2~0.02 mm）、粉粒（0.02~0.002 mm）和黏粒（<0.002mm）三粒级含量的比例，划定12个质地名称，可从三角图（图6-1）上查质地名称。查三角图的要点为：以黏粒含量为主要标准，<15%者为砂土质地组和壤土质地组；15%~25%者为黏壤组；>25%者为黏土组。当土壤含粉粒>45%时，在各组质地名称前均冠以"粉质"字样；当砂粒含量在55%~85%时，则冠以"砂质"字样，当砂粒含量>85%时，则称壤砂土或砂土。

②美国农业部质地制　根据砂粒（2~0.05 mm）、粉粒（0.05~0.002 mm）和黏粒（< 0.002 mm）3个粒级的比例，划定12个质地名称（图6-2）。按3个粒级含量分别于三角形的3条底边画3根垂线，三线相交点，即为所查质地区。

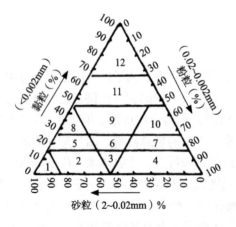

图 6-1 国际制土壤质地三角图

1.砂土及砂壤土 2.砂壤 3.壤土 4.粉壤 5.砂黏壤 6.黏壤 7.粉黏壤 8.砂黏壤 9.壤黏土地 10.粉黏土 11.黏土 12.重黏土

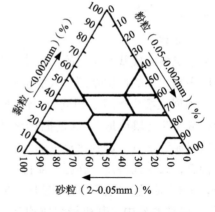

图 6-2 美国制土壤质地三角图

1.砂土 2.壤砂土 3.粉土 4.砂壤 5.壤土 6.粉壤 7.砂黏壤 8.黏壤 9.粉黏壤 10.砂黏土 11.粉黏土 12.黏土

③卡庆斯基质地制 有土壤质地基本分类（简制）及详细分类（详制）2种。简制是按粒径小于0.01mm的物理性黏粒含量并根据不同土壤类型——灰化土、草原土、红黄壤、碱化土、碱土划分（表6-2）；详细分类是在简制的基础上，再按照主要粒级而细分的，把含量最多和次多的粒级作为冠词，顺序放在简制名称前面，用于土壤基层分类及大比例尺制图。

（3）中国质地制（试用）

20世纪30年代，我国土壤学家熊毅提出一个较完整的土壤质地分类，分为砂土、壤

表 6-2 卡庆斯基土壤质地基本分类（简制）

质地组	质地名称	不同土壤类型<0.01 mm粒级含量（%）		
		灰化土	草原土壤、红黄壤	碱化土、碱土
砂 土	松砂土	0~5	0~5	0~5
	紧砂土	5~10	5~10	5~10
壤 土	砂壤	10~20	10~20	10~15
	轻壤	20~30	20~30	15~20
	中壤	30~40	30~45	20~30
	重壤	40~50	45~60	30~40
黏 土	轻黏土	50~65	60~75	40~50
	中黏土	65~80	75~85	50~65
	重黏土	>80	>85	>65

土、黏壤和黏土4组共12种质地。《中国土壤》（第二版，1987）中公布"中国土壤质地分类"，包括其"砾质土"分类，后稍做修改（表6-3）。中国质地制有以下几个特点：

①与其配套的粒级制是在卡庆斯基粒级制基础上加以修改而成的，主要是把黏粒上限从1μm提高至公认的2μm，但确定质地按照细黏粒（<1μm）2个粒级界线来划分质地。

②同国际制和美国制一样，采用三元（3个粒级含量）定质地的原则，而不是用卡庆斯基制的二元原则。

③在三元原则中用粗粉粒含量代替国际制的粉粒含量。这是考虑到我国广泛分布着粗粉质土壤（如黄土母质发育的土壤），而农业土壤的耕性尤其是汀板性问题（以白土型和咸沙土型的水稻土更为突出）受粗粉粒级与细黏粒级含量比的影响大。中国制比较符合我国国情，但在实际应用中还需进一步补充与完善。

表 6-3 中国土壤质地分类（邓时琴 等，1985） mm

质地组	质地名称	颗粒组成（%）		
		砂粒（1~0.05）	粗粉粒（0.05~0.01）	细黏粒（<0.01）
砂 土	极重砂土	>80		<30
	重砂土	70~80		
	中砂土	60~70		
	轻砂土	50~60		
壤 土	砂粉土	≥20	≥40	
	粉土	<20		
	砂壤	≥20	<40	
	壤土	<20		
黏 土	轻黏土			30~35
	中黏土			35~40
	重黏土			40~60
	极重黏土			>60

6.2.2 不同质地土壤肥力特点

（1）砂质土

以砂土为代表，也包括缺少黏粒的其他轻质土壤（粗骨土、砂壤），它们都有一个松散的土壤固相骨架，砂粒很多而黏粒很少，粒间孔隙大，降水和灌溉水容易渗入，内部排水快，但蓄水量少而蒸发失水强烈，水汽由大孔隙扩散至土表而丢失。砂质土的毛管孔隙较粗，毛管水上升高度小。砂质土的养分少，又因缺少黏粒和有机质使其保肥性弱，速效肥料易随雨水和灌溉水流失。砂质土含水少，热容量比黏质土小，白天接受太阳辐射而增温快，夜间散热快，降温也快，因而昼夜温差大。砂质土通气好，好气微生物活动强烈，有机质迅速分解并释放出养分，使农作物早发，但有机质累积难，其含量常较低。

（2）黏质土

此类土壤的细粒（尤其是黏粒）含量高而粗粒（砂粒、粗粉粒）含量低，常呈紧实黏结的固相骨架。粒间孔隙数目比砂质土多但甚为狭小，有大量非活性孔（被束缚水占据的）阻止毛管水移动，雨水和灌溉水难以下渗而排水困难。黏质土含矿质养分（尤其是K^+、Ca^{2+}等盐基离子）丰富，而且有机质含量较高。它们对带正电荷的离子态养分（如NH_4^+、K^+、Ca^{2+}）有强大的吸附能力，使其不致被雨水和灌溉水淋洗损失。黏质土的孔隙而往往为水占据，通气不畅，好气性微生物活动受到抑制，有机质分解缓慢，腐殖质与黏粒结合紧密，难以分解而容易积累，所以黏质土的保肥能力强。黏质土蓄水多，热容量大，昼夜温度变幅较小。

（3）壤质土

壤质土兼有砂质土和黏质土的优点，是较为理想的土壤，其耕性优良，适种的植物种类最多。壤土质地均匀，土粒大小适中，性状介于砂土与黏土之间，有机质含量较多，土温比较稳定，既有较好的通气排水能力，又能保水保肥，对植物生长有利，能满足大多数植物的要求。不过，以粗粉粒占优势（60%~80%）而又缺乏有机质的壤质土，即粗粉壤，易造成板结，不利于幼苗扎根和发育。

从土壤质地剖面看，上轻下重是较理想的剖面，即上层土壤质地稍轻，有利于通气，而下层质地稍重（黏），有利于持水。这就是华北平原的"蒙金土"。

质地是决定土壤通气透水性和持水性的重要性质，要改变土壤质地，必须改变其颗粒组成，最常用的就是客土法，即采用黏掺砂或砂掺黏的方法。

拓展阅读

砂土和黏土的植物适应性

（1）砂土

砂土肥劲强但肥力短，宜种植生育期短，耐贫瘠，要求土壤疏松、排水良好的植物。如薯类、花生、芝麻、西瓜、香椿、仙人球、芦荟、沙拐枣、扁豆、葡萄、沙柳、骆驼刺、胡杨、杜英、景天、沙漠玫瑰、凤梨、春兰、墨兰、蕙兰、卡特兰、石斛、文心兰、蝴蝶兰、果树等，也可常用作扦插、播种基质或栽培耐旱花卉。

（2）黏土

黏土宜种生育期长、需肥量大的作物，也适合种植榕树、杨树、紫荆、紫薇、柳树等高大、深根性树木。黏土通透性差，排水不良，土壤昼夜温差小，除少数喜黏性土的花卉外，绝大部分花卉不适宜此类土壤，常需与其他土壤或基质配合使用。

小　结

本章重点介绍土壤粒级、土壤机械组成、土壤质地的概念；介绍土壤各粒级的基本特征，土壤粒级的划分标准，土壤质地的分类标准，不同质地土壤的肥力特点、利用和改良；要求了解土壤不同粒级的基本特征，以及不同质地土壤的肥力特点；要求掌握不同质地土壤的利用情况。

思考题

1. 土壤粒级、土壤机械组成、土壤质地之间有何关联？
2. 试述不同质地土壤的肥力特点。
3. 试述如何改良土壤质地。

推荐阅读书目

土壤学（第四版）. 徐建明. 中国农业出版社，2019.

第7章 土壤孔性与结构

土壤孔性和结构是土壤重要的物理性质,反映了土壤中固、液、气三相组成物质的存在状态和容积比例,不仅影响土壤的物理、化学和生物学过程,而且对土壤肥力因素及耕作性状的调节也起着重要作用。土壤是一个极其复杂的多孔体系,其孔隙由固体土粒相互支架所构成,是水分、空气及生物栖息之地。它们在其中储存、移动、转化及活动变化,构成植物与环境间进行物质、能量交换和循环过程,致使土壤形成、肥力的发展及生物世界的不断演化繁衍成为可能。本章着重介绍土壤孔隙和结构的基本知识及其应用。

7.1 土粒密度和容重

土粒的密度和容重是常用的土壤基本参数,两者均用于计算土壤的孔隙度和三相组成的因素,土壤容重值相比于土粒密度有更多方面的用途。

7.1.1 土粒密度

单位体积的土壤固体物质的质量,称为土粒密度(particle density),其单位是g/cm^3。这里所指的单位体积,是指土壤固体组成物质所言,不包括液体和气体所占的孔隙体积。矿物的化学组成和晶格结构决定其土粒密度,不受孔隙大小的影响,因此,土粒密度与颗粒的大小与排列无关。

大多数矿质土壤的密度在2.60~2.75g/cm³的较小范围内变化。这主要是由于矿质土壤的主要成分，如石英、长石、云母和硅酸盐胶体等的密度均在此范围内。对大部分矿质土壤表层而言（有机质含量通常为1%~5%），若真实土粒密度未测，一般计算时可近似取土粒密度2.65g/cm³。但富含腐殖质的园林用土，其土粒密度较小，通常为0.9~1.4g/cm³，因此，在计算时应适当调整。园林种植常用的基质材料密度及其性能见表7-1所列。

表 7-1 园林种植常用的基质材料密度及其性能（郭世荣，2003）

栽培基质名称	密度（g/cm³）	性能
硅藻土	1.9~2.3	具有吸水、保水、保肥性能，适宜栽培多肉植物、兰花等花卉
赤玉土	2.6~3.3	透气、保水、微肥，适合各种浆肉植物、兰花、菖蒲等高等植物的栽培
泥炭土	0.6~0.8	疏松多孔、通气，能有效贮存养分和水分，适宜大多数植物的种植
蛭石	2.4~2.7	具有良好的阳离子交换性和吸附性，具有保肥、保水、储水、透气和矿物肥料等多重作用，适宜大多数花卉的种植
陶粒	2.5~2.7	孔隙率高；表面强度高，可反复使用；保水保肥性能好，广泛用于水培植物的栽种
珍珠岩	2.2~2.4	具有良好的排水性、透气性，广泛应用于改良土壤透气性

7.1.2 土壤密度

田间自然垒结状态下单位容积原状土体的烘干土壤质量（bulk density，g/cm³），又称土壤容重。所谓单位原状土壤体积，是包括土壤中的孔隙体积在内，测定容重取样时，不能破坏它的自然状态。土壤容重的数值小于土粒密度。园林绿地土壤容重在0.98~1.71g/cm³，栽培基质容重在0.11~1.49g/cm³，不同植物的最适土壤容重范围见本章拓展阅读。

（1）影响土壤容重的因素

与固体体积相比，孔隙体积所占比例较大的土壤，其容重小于那些紧实的、孔隙比例较小的土壤。因此，任何影响土壤孔隙比例大小的因素必然影响土壤容重。

①土壤质地　细质地土壤（如粉壤土、黏土和黏壤土）的容重比砂质土壤小。这是因为，细质地土壤，特别是有机质含量高时，其固体部分主要以多孔状颗粒存在。在这些团聚性较强的土壤中，团聚体之间及团聚体颗粒内部均存在孔隙，导致土壤具有较高的孔隙度和较低的容重。对于砂质土壤，其有机质含量一般很低，固体颗粒很少能团聚在一起，导致其容重往往大于细质地土壤。与团聚结构良好的细质地土壤相比，砂土具有数量相当的大孔隙，但缺乏存在于结构体内部的细孔隙，因而总孔隙度较小。

尽管一般情况下砂质土壤容重较大，砂粒的排列方式对其容重也有影响。松散填装时砂粒仅占总体积的52%，而紧实填装时颗粒可能占到总体积的75%。如果假设土壤颗粒由密度为2.65g/cm³，很接近田间观测到的粗砂土的实际容重范围。当砂粒的粒径均一（如经过筛选的砂粒）时容重较小，当不同粒径砂粒（经过分级的砂粒）混合填装时容重往往较大。对于后面这种情况，小颗粒会填充大颗粒间的一部分孔隙。把不同粒径的砂粒混合且紧实填装，可以得到最大容重的填装体。

②土壤剖面深度　土壤剖面层次越深，容重通常越大。可能的原因包括：有机质含量较低，团聚体结构较少，根系和土居生物稀少，以及上层土壤的压实。非常紧实的下层土壤的容重可以达到1.8mg/m³，甚至更高。

③有机质含量　土壤有机质对容重也有重大影响，例如，腐殖质土层的容重一般比较小，这首先是由于该层土壤一般比较疏松，它的容重约为0.8~1.2g/cm³，而在单纯是有机质的层次中，容重可低至0.2~0.4g/cm³。腐殖质土层下的亚表土或心土层，容重可升高到1.4~1.5g/cm³。

（2）土壤容重的用途

土壤容重的数值可用于计算质量和孔隙度，在一定条件下也可用作衡量土壤坚实度的指标。

①单位体积土壤质量的计算　为了计算土壤中所含水分、有机质及各种营养元素的实际质量，需要有土重的数据。单位体积土壤的质量（W, t）就等于土壤体积（V, m³）与容重（d, t/m³）的乘积：

$$W = V \times d \tag{7-1}$$

②总孔隙度的计算　土壤总孔隙度通常是根据土粒密度和容重的数据推算的。因为干燥的土壤，其单位体积中只包括土粒和孔隙。设干土体积为1，土粒体积所占比率为V，则孔隙体积所占比率为$1-V$。又因为$V=d/d_1$，其中，d是容重（t/m³），d_1是土粒密度（t/m³），因此，以百分率表示的孔隙度（P）计算公式如下：

$$P = (1 - d/d_1) \times 100\% \tag{7-2}$$

③估算各种土壤成分储量　土壤固碳减排，是国家实现碳中和战略的重要举措。土壤固碳能力的强弱与有机质含量密不可分，可根据容重和土壤有机质含量来计算有机质在土体中的储量，从而间接衡量土壤固碳能力。通常，1hm²园林土壤耕层（20cm）容重为1.3g/cm³，有机质含量为10g/kg（按土壤质量计），则该园林耕层土壤中的有机质储量为10 000m² × 0.2m × 1.3t/m³ × 0.01=26（t）。

7.2　土壤孔隙

土壤内部的空间并没有全部为土粒所填满，各土粒按一定的方式排列，其间有许多孔隙。土壤的孔隙系统包括形状、大小各不相同的大量粒间孔隙，它们之间都被比孔隙本身直径还要狭窄的通道互相连接。土壤孔隙类似三度空间网，它是由形状、大小各不相同的枝节状孔道所组成，而这种枝节状的孔道又是由许多更细的狭窄孔道相互交织联结，形成非常复杂的空间结构。一般来说，孔隙度大，说明栽培基质较轻、疏松，能容纳较多的空气和水，有利于根系生长，但植物易漂浮，易倒伏；孔隙度小（如砂的孔隙度约为30%），则栽培基质较重、坚实，水分和空气容纳量小，不利于根系伸展。土壤孔隙的大小和多少的问题，即土壤孔隙的质和量的问题。

7.2.1 土壤孔性

土壤孔隙是容纳水分和空气的空间，也是植物根系伸展和土壤生物生活繁衍的场所。土壤孔隙有粗有细，作用各不相同，粗的可通气，细的可保水。土壤孔性主要体现在土壤总孔隙度及大小孔隙的分配及其在各土层中的分布情况3个方面。

7.2.1.1 土壤孔隙度和孔隙比

土壤孔隙容积大小通常以土壤孔隙度表示。土壤孔隙度是指自然状态下单位体积土壤中孔隙体积所占的百分数。例如，在$1cm^3$的土壤中，孔隙的容积是$0.50cm^3$，则孔隙度为50%。

土壤孔隙度通常不能直接测定，而是通过土粒密度和土壤容重计算得出。如式（7-3）：

$$土壤孔隙度（\%）=（1-土壤容重/土粒密度）\times 100\% \quad (7-3)$$

土粒密度是指单位容积的固体土粒（不包括粒间孔隙）的干重。一般地，土粒密度可看作是一个常数（$2.65g/cm^3$）。土壤孔隙的数量还可用孔隙比来表示，即土体中的孔隙容积与其固体颗粒体积之比，计算公式如式（7-4）：

$$土壤孔隙比=孔隙度/（1-孔隙度） \quad (7-4)$$

7.2.1.2 土壤大小孔隙的分配与分布

土壤孔隙度反映的是土壤中所有孔隙的总量，但大小孔隙的分配、分布和连通情况对土壤功能的影响更大。相同孔隙度的土壤因大小孔隙的分配不同，在保水和通气等方面相差较大。根据当量孔径的大小和功能，可将土壤孔隙分为通气孔隙、毛管孔隙和非活性孔隙3大类（表7-2）。土壤总孔隙度的变化主要由通气孔隙的变化所引起。当土壤容重在$1.5g/cm^3$以上时，土壤通气孔隙近乎消失，不利于透水通气。一般适宜植物根系生长的土壤孔隙度为50%~55%，其中，非活性孔隙应尽量少，而通气孔隙应在10%以上。

表 7-2 不同土壤孔隙的特点及功能（张金波 等，2022）

孔隙类型	当量孔径mm	土壤水吸力（bar*）	主要功能
通气孔隙	>0.02	<0.15	透水、通气，细根、原生动物和真菌可进入
毛管孔隙	0.02~0.002	0.15~1.5	储水，植物根毛和部分细菌可进入
非活性孔隙	<0.002	>1.5	水无法移动，生物也难以进入

* bar 为常用的压强单位，1bar=100kPa。

7.2.2 土壤孔性影响因素

7.2.2.1 土壤质地

砂质土壤的总孔隙度为30%~40%，但以孔隙为主，因而给人以"多孔"的印象；黏土的总孔隙度高达50%~60%，但以微孔隙为主，所以给人"密闭"的感觉；壤土总孔隙度在40%~50%，其中，微孔隙占1/2或稍多于1/2的比例（表7-3）。因此，壤土特别是砂壤土和轻壤土的孔隙分配状况对于土壤的水—气关系最为合适。

表 7-3 不同质地的土壤孔隙状况（孙向阳，2021）　　　　　　　　　　　　%

土壤质地	总孔隙度	大小孔隙的相对比率（以孔隙度为100）	
		毛管孔隙	非毛管孔隙
黏　土	50~60	85~90	15~10
重壤土	45~50	70~80	30~20
中壤土	45~50	60~70	40~30
轻壤土	40~45	50~60	50~40
砂壤土	40~45	40~50	60~50
砂　土	30~35	25~35	75~65

7.2.2.2 土粒排列方式

土壤孔隙实际上是土壤颗粒之间的缝隙，所以颗粒间排列方式必然影响土壤孔性。理想土壤颗粒为大小相同的球体，其排列有最松排列和最紧排列，其孔隙度差异较大，如图7-1所示。

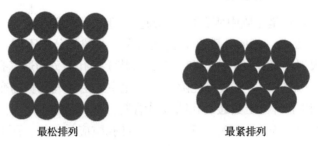

图 7-1 理想的土壤颗粒排列方式

7.2.2.3 结构

团粒结构多，土壤疏松，孔隙状况好。含有其他结构体的土壤颗粒排列紧实，土壤总孔隙度相应降低，特别是空气孔隙度降低，而无效孔隙度增加。

7.2.2.4 土壤有机质

土壤有机质本身疏松多孔，同时还可促进土壤多级团聚。有机质含量较高的土壤通常孔性较好，且大小孔隙搭配较为合理。

7.2.2.5 自然因素和土壤管理

天然降水、灌溉和喷灌、地下水的升降，以及土壤受重力作用，使土壤沉实，密度增大，孔隙度降低，而耕作和施用有机肥则可以调节土壤松紧度，增加土壤孔隙度。

7.2.3 土壤孔性调节

土壤孔性直接影响土壤肥力状况，因此，当土壤孔性表现不良时，应采取相应措施进行调节。

7.2.3.1 改良土壤质地

对于园林土壤中的黏土和砂土可根据植物生长习性进行改良，如通过增施有机肥或添加土壤改良剂（过黏加粗砂，过砂加泥炭、醋渣、聚丙烯酸类等改善土壤结构），直接改变土壤大小孔隙的数量及其比例。

7.2.3.2 增加土壤有机质含量

增加土壤有机质可促进团粒结构的形成，改良砂黏土壤性状。针对园林栽培基质，可选择在原有基质中增加泥炭土或腐叶土的比例，使其土壤有机质含量增加。

7.2.3.3 合理灌水与中耕

针对不同土壤性质和不同土壤的利用情况，采取合理的灌水方法，提倡滴灌、喷灌、地下灌溉。选择适宜的耕作时期，合理地中耕、松土，保持土壤各级孔隙的良好分布。

7.2.4 土壤容重与土粒密度、孔隙度的关系

土粒密度、土壤容重、孔隙度是反映土壤固体颗粒和孔隙状况最基本的参数，土粒密度反映了土壤固体颗粒的性质，与土壤容重有所区别；土粒密度的大小与土壤中矿物质的组成和有机质的数量有关，利用土粒密度和土壤容重可以计算土壤孔隙度，在测定土壤粒径分布时也须知道土粒密度值；土壤容重综合反映了土壤固体颗粒和土壤孔隙的状况（表7-4），一般而言，土壤容重小，表明土壤比较疏松，孔隙多；反之，土粒密度大，表明土体比较紧实，结构性差，孔隙少。

表 7-4　土壤容重与孔隙度的关系（孙向阳，2021）

松紧程度	土壤容重（g/cm^3）	孔隙度（%）	松紧程度	土壤容重（g/cm^3）	孔隙度（%）
极　松	<1.00	>60	稍紧	1.26~1.30	50~52
疏　松	1.00~1.14	55~60	紧密	>1.30	<50
适　度	1.14~1.26	52~55			

7.3 土壤结构

"土壤结构"一词，实际上包含两方面含义，一是泛指具有调节土壤物理性质的"结构性"；二是指各种不同的结构体的形态特性。所谓结构性，最早是指"原生土粒的团聚化"。后又认为，土壤结构性不仅包括土壤结构的类型和数量，还应包括它们的稳定性（水稳性、力稳性、生物学稳定性）、团聚体内外的孔隙分配及它们在农业生产上的作用等。由此可见，土壤结构性反映了土壤的一种重要的物理性质的状态，主要指土壤中单粒和复粒（包括各种结构体）的数量、大小、形状、性质及其相互排列、相应的孔隙状况等综合特性。

任何一种土壤，除质地为纯砂外，各级土粒由于不同原因相互团聚成大小、形状和性质不同的土团、土块、土片，称为土壤的结构体。这些不同形态的结构体在土壤中的存在及排列状况，会改变土壤的孔性，直接影响土壤肥力、养分运转及耕性的变化。也可以说，土壤结构性的好坏最终体现在土壤孔径的分布上。

7.3.1 土壤结构类型、特征及其改良

土壤结构体分类方法有很多，这里主要是按结构体的形状、大小及其与土壤肥力的关系来划分。常见的土壤结构有以下几种（表7-5，图7-2）：

表 7-5 土壤结构类型（徐建明 等，2019）

结构类型	形状	直径或厚度（mm）
块状	形状不规则，表面不平整，裂面与棱角不明显	≥5
片状	有水平发育的节理平面	≥3
柱状	形状规则，具明显的光滑垂直侧面，横断面形状不规则	≥150
棱柱状	表面平整光滑，棱角尖锐，横断面略呈三角形	—
团粒状	形状近圆形，表面平滑，大小均匀	<5
核状	长、宽、高三轴大体近似，边面棱角明显	≥5

图 7-2 土壤结构类型

7.3.1.1 块状

近似立方体型，长度、宽度及高度大体相等，大小在5~50mm。单个块状结构体不能独自成形，而是由其周围的块状结构体形状塑造形成的。如果块状结构体的边缘锋

利，矩形面明显可见，称为棱角块状结构。如果块状结构体的边缘变得圆滑，则称为亚棱角块状结构。此类结构的土壤，往往湿时黏韧，干时坚硬，多有压苗作用，不利于植物生长繁育。园林育苗地若出现块状结构，会导致植苗的种子不易出苗，立苗扎根不良。可利用土壤中有益生物的活动，改善土壤结构，如利用蚯蚓在土壤中钻洞和吞土排粪等的生命活性，改变土壤物理性质，使板结贫瘠土壤变得疏松多孔，提高土壤的保墒通气透水能力，从而促进园林植物根系的生长。

7.3.1.2 片状

土体沿水平面排列，水平轴比垂直轴长，界面呈水平薄片状，在土壤表层和下层均可发现，如园林土壤被压实部分的地表片层。大多数情况下，片状结构产生于土壤形成过程中。然而，与其他结构类型不同的是，片状结构可能存在于成土母质中。在重型机械压实后，一些较黏性土壤有时也会形成片状结构。片状结构体垂直裂隙不发达，内部紧实，不利于通气透水。园林土壤地表片层过厚，不仅影响植物根系生长，而且影响通气透水，造成土壤干旱，水土流失。

消除片状结构体最好的办法是松土、施用有机肥。如公园街道绿地行人常经过的地方，可进行透气铺装，种植地被植物，或进行必要的围栏保护。此外，在翻松土壤的过程中，往土壤中掺入泥炭、碎树枝、腐叶土等多孔性有机物，增加土壤中的孔隙，使土壤的密实度降低，从而改善通气状况。

7.3.1.3 柱状和棱柱状

沿垂直轴排列，垂直轴大于水平轴，土体直立，不同土壤中高度不等，一般直径为150mm或更大。棱角不明显的称为柱状结构体，棱角明显的称为棱柱状结构体。前者常见于半干旱地带的心土层和底土层中，以碱土和碱化土层最典型；后者常见于黏重而有干湿交替的心土和底土层中，这种结构体大小不一，紧实坚硬，其内部无效孔隙占优势，外表常有铁铝胶膜包被，根系难伸入，通气不良，微生物活动微弱，结构体之间常出现大裂隙，造成漏水漏肥。可通过豆科植物与花卉间作、套作或增施有机肥来改善土壤结构。另外，也可使用结构改良剂，快速改良土壤结构，使之适宜花卉生长。

7.3.1.4 核状

该结构体三轴平均发展，棱角清晰，边面较明显，是形似桃核的一种土壤结构。有小核状（直径5~10mm）、中核状（直径10~20mm）、大核状（>20mm）之分。核状结构多见于黏质土壤和质地黏重的心土层。具有这种结构的土壤，比较黏实，通透性不良，影响花卉和苗木根系深扎。核状结构体一般多以石灰或铁质作为胶结剂，在结构面上有胶膜出现，故常具有水稳性，这类结构体在黏重而缺乏有机质的下表层土壤中较多。可通过深耕施用有机肥或深耕间作绿肥植物得以改良。

7.3.1.5 团粒体

团粒体是指在腐殖质和其他外力作用下，形成的球形或近似球形，构成疏松多孔的大小土团（图7-3），直径为0.25~10mm。直径小于0.25mm的土团称为微团粒，有人将小于0.25mm的复合黏粒称为黏团。最为理想的团粒，为直径1~3mm的团粒。改良土壤结构性就是指促进团粒结构的形成。它在一定程度上标志土壤肥力水平，团粒和微团粒都是土壤结构体中较好的类型。团聚体结构体一般存在于腐殖质较多、植物生长茂盛的表土层中。

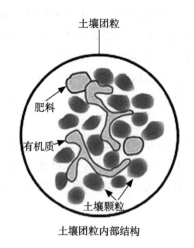

图 7-3 土壤团粒示意图

7.3.2 土壤团粒结构形成

土壤结构体的形成可分为2个阶段：

①黏结团聚过程　即单个土粒在胶结物的作用下胶结成团；

②成型过程　即当土粒胶结成团后，可在根系和土壤动物、干湿交替和冻融交替、人为耕作等外力作用下分解破碎，形成各种结构体。

团粒结构的胶结物可以包括无机胶结物和腐殖质、蛋白质、多糖、微生物或动物（如蚯蚓）活动产生的分泌物及真菌菌丝等有机胶结物。团粒结构是经多级复合、团聚而形成的，可概括为单粒—复粒—微团粒—团粒，每一级复合和团聚产生相应大小的一级孔隙，因此，团粒内部有从小到大的变化及由此产生的多级孔隙，孔性和稳定性变得更佳。

7.3.3 团粒结构与土壤肥力

7.3.3.1 协调土壤水分与空气的矛盾

团粒结构数量多的土壤，由于孔隙度高，通气孔隙也多（图7-4），大大改善了土壤透水通气能力，可以大量接纳降水和灌溉水量。当下雨或灌溉时，水分通过通气孔隙很快进入土壤，当水分经过团粒附近时，能较快地渗入团粒内部的毛管孔隙并得以保蓄，使团粒内部充满水分，多余的水继续下渗湿润下面的土层，从而减缓了土壤的地表径流造成的冲刷、侵蚀。

由此可见，具有团粒结构的土壤，既不像黏质土那样不透水，也不像砂性土那样不保水。实验证明，土壤透水性与孔隙粗细的关系比孔隙度更密切。粗孔隙增加10倍，则透水性可增大100倍。

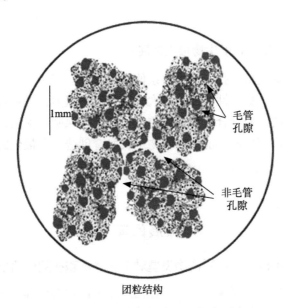

图7-4　团粒结构与土壤孔隙状况示意图

渗水系数是指单位水压下，单位时间内通过单位面积土壤水的数量，其单位为$cm^3/(cm^2·s)$。当土壤中的大孔隙里的水分渗过后，外面的空气趁机补充进去，团粒间的大孔隙多充满空气。而团粒内部小孔、毛管孔隙多，吸水力很强，水分进入快并得以保持，由于水势差的存在使水流源源不断供给作物根系吸收利用。土壤中既有充足的空气，又有足够的水分，解决了土壤中水、气之间矛盾。

同时，具有团粒结构的土壤，可使进入土壤中的水分蒸发大大减弱。这是因为团粒间的毛管通路较少，而且干后表面团粒收缩，体积缩小，与下面的团粒断开了联系，成为一层隔断层或保护层，使下层水分不能借毛管作用上升至表层而消耗。由此可见，有团粒结构的土壤不但进入水分数量多，而且蒸发也少，又能保持水分状况稳定。因而能起一个"小水库"的作用，其耐旱抗涝能力比其他土壤强得多。

7.3.3.2　协调土壤养分消耗和积累的矛盾

有团粒结构的土壤，团粒之间的大孔隙，充满空气，有充足的氧气供给，好气微生物活动旺盛，有机质分解快，养分转化迅速，可不断提供作物吸收利用。而团粒内部水多气少，嫌气微生物活动旺盛，分解有机质缓慢使养分得以保存，养分由外层向内层逐渐释放，不断地供作物吸收，从而避免了养分流失，起到了一个"小肥料库"的作用。

7.3.3.3 稳定土温，调节土壤热状况

有团粒结构的土壤，团粒内部小孔隙数量多，保持的水分充足，使土温变幅减小。因为水的比热大，不易升温或降温，相对来说起到了调节土壤温度的作用。有关资料表明，黏土土温白天比砂土低，夜间比砂土高，而且土温变化平稳，有利于根系的生长和微生物的活动。

7.3.3.4 改善土壤耕性和有利于作物根系伸展

有团粒结构的土壤疏松多孔，作物根系伸展阻力较小，团粒内部又有利于根系固着和支撑。同时，黏结性、黏着性也小，可大大减少耕作阻力，提高耕作效率和质量。总之，有团粒结构的土壤，松紧合适、通气透水、保水、保肥、保温，扎根条件良好，土壤的水、肥、气、热比较协调，能为农作物生长发育创造一个最佳的土壤环境条件，从而有利于高产、稳产。

拓展阅读

园林种植中，不同植物类型对土壤容重和孔隙度的要求

土壤是植物进行生命活动的重要场所，植物从土壤中吸收所需的营养、水分和氧气。植物种类不同，栽培目的不同或同种植物的不同发育期，对土壤容重和通气孔隙度的要求也存在较大差异（表7-6）。

表7-6 土壤容重与孔隙度的关系 [《园林栽植土质量标准》（DBJ 08-231—98）]

项目指标类别	容重（g/cm³）	通气孔隙度（%）
一级花坛	≤1.00	≥15
二级花坛	≤1.20	≥10
乔　木	≤1.30	≥8
灌　木	≤1.25	≥10
行道树	≥25	≥8
一般草坪	≤1.30	≥8
运动型草坪	≤1.30	≥10

小　结

土壤孔性和结构是土壤重要的物理性质，能够反映土壤中固、液、气三相组成物质的存在状态和容积比例，对土壤肥力有多方面的影响。本章就土粒密度和容重的概念和区别，土壤大小孔隙的分配

及影响因素，土壤结构的类型、特性及改良措施3个方面的内容进行了重点阐述。在本章最后，针对园林种植中，植物种类不同，栽培目的不同或同种植物不同发育期对土壤要求的差异进行了分析，阐明了不同园林植物对土壤质地的要求。

思考题

1. 土壤密度和土粒密度有何区别？土壤密度的用途有哪些？
2. 土壤孔隙的类型有哪些？适宜园林植物生长的土壤孔隙为哪种状况？
3. 土壤各结构体的肥力特点有何差异？改善土壤结构体的措施有哪些？

推荐阅读书目

1. 土壤学（第三版）. 黄昌勇，徐建明. 中国农业出版社，2010.
2. 土壤学与生活（原书第十四版）. 尼尔·布雷迪（Nyle C. Brady），雷·韦尔（Ray R. Weil）. 李保国，徐建明，等，译. 科学出版社，2019.
3. 土壤学（第2版）. 孙向阳. 中国林业出版社，2021.
4. 土壤学概论. 张金波，黄新琦，黄涛，等. 科学出版社，2022.

第8章 土壤水分、空气、热量状况及其调节

土壤水分、空气、热量状况,对土壤的形成、土壤性质及变化过程有决定性影响。三者相互矛盾、相互影响和制约,对园林植物的生长发育产生直接影响,是土壤肥力因素的重要组成部分。通常,我们认为水分管理只是简单地通过灌溉影响土壤水分含量,其实水分管理同时包含了对土壤空气与热量状况的管理,"成活于水,成长于肥"这句园林谚语,正是反映了土壤水分管理对园林植物生长的重要性。

8.1 土壤水

将土壤中的水分称为土壤水,土壤水是自然界水循环的一个环节,它的变化影响到园林生态系统的水量平衡,是影响土壤肥力因素中最活跃的部分,直接影响土壤通气状况、热量状况、微生物活动和养分转化,对土壤肥力的其他因素也有明显的制约作用。

8.1.1 土壤水类型和性质

土壤具有复杂的孔隙系统,水和空气充满其中。土壤水受到重力作用、毛管引力、土粒间分子引力作用等,形成不同物理状态的水分类型。不同类型的土壤水分界限不很明显,一般按其存在的形态分为3大类型(表8-1)。

表 8-1　土壤水分类型

类　别	子类别		描　述
固态水	—		土壤水结冰时的冰晶
气态水	—		存在于土壤空气中
液态水	束缚水	吸湿水	土壤吸收水汽分子的能力
		膜状水	土壤颗粒吸收力在吸湿水层外围形成的水膜
	自由水	毛管水 悬着水	不受地下水源补给的毛管水
		毛管水 上升水	受到地下水源支持的毛管水
		重力水	因重力作用通过大孔隙流失的水
		地下水	充满土壤孔隙，并可以流动的水

液态水又可分为吸湿水、膜状水、毛管水、重力水和地下水。

8.1.1.1　吸湿水

土壤颗粒具有从大气和土壤空气中吸持气态水的特性，称为土壤的吸湿性。吸湿是由于土粒表面分子与分子互相吸引。凡以此种方式吸附在土粒表面的水，称为吸湿水。在不同的大气相对湿度下，土壤吸水量不同，在一定的大气相对湿度下，土壤所吸附的吸湿水量，称为土壤吸湿量。当大气相对湿度为100%（饱和湿度）达到吸湿水量的最大值时，称为最大吸湿量或吸湿系数。

土壤吸湿量的大小与土壤质地和大气相对湿度有关。土壤质地愈细，有机质含量越高，其总表面积越大，吸湿量也就越大。大气相对湿度高，土壤吸湿量越大。一般吸湿水所承受的吸持力在31~10 000bar，甚至更大，被土粒吸附得很紧不能移动（又称紧束缚水），近似固体水性质。植物根系细胞水渗透压平均在15bar左右，所以很难被植物利用。在对土壤进行化验结果计算时，要测定出风干土的吸湿水含量，以便用绝对干土重进行计算。

8.1.1.2　膜状水

当土壤含水量达到最大吸湿量时，土粒还可借分子引力在吸湿水层外吸附一层新的液态水膜，将这层新水膜称为膜状水。膜状水的水膜达到最大量时的土壤含水量，称为最大分子持水量。土粒吸持膜状水的引力为6.25~31.0bar，有较高的黏滞性和密度。尽管重力不能使膜状水移动，但膜状水自身却可以从水膜厚处往水膜薄处移动，移动速度极缓慢。与吸湿水相比较，称其为松束缚水。在根毛接触到膜状水时才可利用。因膜状水的补充很慢，对植物有效性很低，只能利用一部分膜状水，如图8-1所示，土壤颗粒表面植物所能吸收的水分中一部分便是膜状水，其余的则是毛管水。

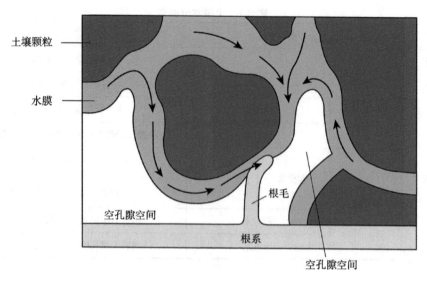

图 8-1 植物吸收水分示意图（Weil & Brady, 2017）

8.1.1.3 毛管水

土壤具有复杂的毛管体系。在毛管引力作用下，可以保持多于最大分子持水量的水分，将依靠毛管引力克服重力作用而保存于毛管孔隙中的水分称为毛管水。孔隙在孔径小于8mm时才具有毛管作用。孔径在0.001~0.1mm时，毛管作用最为强烈。当孔径小于0.001mm时，膜状水已充满其间，使其失去毛管作用。毛管水具有一般自由水的特点，其所承受的引力在0.08~6.25bar，能溶解溶质，移动速度快，数量大。其运动方向是由毛管力小的地方（即水分多的地方）向毛管力大的地方（水分少的地方）移动；从粗毛管处向细毛管处移动，向土壤蒸发面、根系吸水点移动。需要着重记住的是，毛管水是植物利用土壤水分的主要形态。

毛管水又可分为毛管悬着水和毛管上升水。

①毛管悬着水 是指不受地下水源补给影响的毛管水。当灌水或降水后，水分下移而被"悬挂"在土壤上层毛管中，但又不与地下水相连，这种水达到其最大含水量时，称田间持水量，是旱地土壤有效水分的上限，通常用它作为计算相对含水量的基础数值。一般认为自然含水量相当于田间持水量的70%~100%（即相对含水量在70%~100%）时，最有利于植物对水分的吸收利用，在园林养护中也多用于计算灌水量。

②毛管上升水 也称支持毛管水，是指土壤受到地下水源支持，并上升到一定高度的毛管水。这是借毛管引力上升，并保持在上层土壤中的水分。在毛管上升水达到最大含量时称为毛管持水量（或毛管蓄水量）。毛管上升水可以上升到根系活动层，供植物生长所需。许多有湖有河的公园或城市绿地，植物便可以利用毛管上升水，可以极大节省人工灌溉成本，但对于绝大多数地区而言，地下水位并不能上升到植物根层。还需要注意的是，地下水含盐高的地区，毛管上升水到达地面则会造成盐渍化，这时需要考虑种植耐盐碱植物或进行排水治盐工作；海岛型滨海城市也需要考虑土壤含盐量问题。

8.1.1.4 重力水

当灌水或大气降水强度超过土壤吸持水分能力时，土壤的剩余引力基本饱和，受重力作用，多余的水通过大孔隙向下移动，这种形态的水称为重力水。重力水饱和时的土壤含水量称为土壤全蓄水量或土壤饱和含水量。多余水下移，可成为地下水的供给来源。一时不能排出，暂时滞留在土壤的大孔隙中，就成为上层滞水，有碍土壤空气的供应，对高等植物根系的吸水不利。

8.1.1.5 地下水

土壤或其母质下层如出现连续的不透水层，下渗的重力水就会形成有一定厚度的饱和水层。不但将土壤或土壤母质的孔隙充满，还可以流动，即形成了地下水。地下水可以借助毛管力上升到一定高度，即毛管上升水，供植物生长所需。如地下水位过高，随着水分蒸发，会使土壤发生盐渍化。在地下水位过低时，毛管水上升高度不及植物根层，因此，适时灌水对园林植物的养护十分重要。很多城市都出现了地下水位下降的情况，这会导致树木扎根过浅，极易在狂风暴雨中倒伏，还有因为地下水位变化导致大批古树死亡的案例。

不少城市的绿化树木在狂风暴雨中倒伏，地下水位下降极有可能是"罪魁祸首"之一。例如，某一年北京暴风雨中，杨树倒伏最多，这是因为杨树根系靠的是地下水涵养而生长的，但地下水位下降使得根系基本够不着地下水，导致扎根浅，树大根不深，地面土壤被雨水浸泡松软后，易被大风吹倒。针对这一问题，除了通过扩大树穴面积，将数株或一排树做成一个相连的大树池，保证树木根系水气通畅，还可以通过滴灌系统保证定时定量的水分供给。而更重要的是如何通过城市的生态建设，充分利用雨水等途径实现对园林植物充分的水分补给，以及完善城市生态中雨水对地下水的补充，从源头上解决地下水位下降问题，为城市园林绿化提供良好的地下水源条件。

8.1.2 土壤水分表示方法及土壤水分有效性

8.1.2.1 土壤含水量表示方法

至今在科研和生产上广泛应用的土壤水分表示方法，归纳起来有以下几种：

(1) 土壤含水量（质量百分比）

土壤含水量（质量百分比）是指土壤在某一时间内实际含水的质量（湿土）占其绝对干土（以105℃烘干到恒重的烘干土计算）质量的百分比。基本计算公式为：

$$土壤含水量（质量）\% = \frac{土壤水重}{干土重} \times 100\% = \frac{湿土质量-干土质量}{干土重} \times 100\% \quad (8-1)$$

这是土壤含水量一种基本的表示方法，也是最常用的表示方法。

(2) 土壤含水量（容积百分比）

土壤含水量（容积百分比）是指土壤水分体积占整个土壤体积的百分数，它可由质量百分数换算得到。

$$土壤含水量（容积）\% = \frac{水的体积}{土壤体积} \times 100\% = 土壤含水量（质量）\% \times 土壤容重 \quad (8-2)$$

土壤容积含水量能反映土壤孔隙的充水程度，可计算出土壤的固、液、气相的三相比。例如，某土壤含水量（质量）%为20.0%，土壤容重为1.2g/cm³，可求得土壤容积含水量 = 20.0% × 1.2 = 24.0%。土壤容重为1.2g/cm³时，其土壤总孔隙度为55%，则空气所占体积为55% − 24.0% = 31.0%，而其固相体积为100% − 55% = 45%。

(3) 以水层厚度表示

为了使土壤含水量便于与气象资料的降水量、植物耗水量等进行比较，土壤含水量还可以将一定深度的土壤水分换算成水层厚度（mm）表示，也称蓄水量。换算公式如下：

$$土壤蓄水量（mm）= 土壤深度（mm）\times 土壤含水量（质量）\% \times 容重（g/cm^3） \quad (8-3)$$

例如，某土层深度为1000mm，土壤含水量（质量）%为20%，容重1.1 g/cm³，则其水层厚度为：土壤蓄水量（mm）= 1000 × 20% × 1.1 = 220（mm）。

(4) 以水的体积（m³）表示

计算灌水量时，常用到的计量单位是单位体积的土壤含水体积（m³/亩），可将水层厚度乘以面积得出其体积，但需将水层厚度单位mm换算成m，然后乘以每亩面积（666.67m²）得出每亩水的体积。计算公式如下：

$$土壤蓄水量（m^3/亩）= 每亩面积（m^2）\times 土壤深度（m）\times 土壤容重 \times 土壤含水量（质量）\% \quad (8-4)$$

如某土壤含水量（质量）为20%，容重1.1g/cm³，深度为1m，求每亩蓄水量为多少方。已知每亩面积约为666.67m²，由上式求得：土壤蓄水量（m³/亩）≈ 666.67 × 1 × 1.1 × 20% ≈ 146.67（m³/亩）。

园林水分管理中，可以根据土壤蓄水量计算出灌水量。如某土壤田间持水量为25%（质量），容重1.1g/cm³，测得土壤自然含水量为10%，现要将每亩1m深的土层内含水量提高到田间持水量水平，则应灌水量（m³/亩）≈ 666.67 × 1 × 1.1 × (25% − 10%) ≈ 110（m³/亩）。

(5) 相对含水量

相对含水量是把绝对含水量与某一标准（田间持水量或饱和含水量）进行比较，表示土壤中水分的饱和程度。一般所用相对含水量是以土壤自然含水量占该土田间持水量的百分数表示：

$$土壤相对含水量（\%）= \frac{土壤自然含水量}{土壤田间持水量} \times 100\% \quad (8-5)$$

如某苗圃土壤田间持水量30%（质量%），测得当时土壤自然含水量20%，则相对含水量为：土壤相对含水量（%）=（20/30）× 100% = 66.7%。

一般认为，土壤相对含水量为60%~80%时最有利于植物生长，但也有不少植物能在更湿润的土壤中生长。70%以下要灌水，毛细管有没有断裂，水分运动比较快，供应保证需求；生长季节，水分不要太多，中耕疏松表土，破坏毛管水运动，减少蒸腾，以此达到保水能力。

8.1.2.2 土壤水分对植物的有效性

土壤中的水分，只有一部分是植物可以吸收利用的，其中，能被植物吸收利用的那部分水称有效水。有效水中，根据植物吸收利用的难易，又可分为速效水、弱有效水、迟有效水等。不能被植物吸收利用的水，称无效水。当植物根系的吸水力大于等于土壤对水的吸力，植物就可以吸收足够的水分，保证正常生长；当土壤中的水分减少到一定程度，土壤对水的吸力就会大于植物吸水力，这时植物根系吸水困难，茎叶蒸腾所消耗的水量大于根吸水量，最终导致植物的永久萎蔫，这时土壤的含水量称为萎蔫系数或凋萎系数，如图8-2所示，可以看到，土壤含水量处于萎蔫系数时，土壤水分由吸湿水与部分膜状水组成。多数常见植物的凋萎系数在10~20bar，平均约为15bar，而15bar也正是植物根系细胞水的平均渗透压。因此，当土壤含水量在凋萎系数以上时，此时土壤中的水才对植物有效，土壤有效水是在田间持水量以下、凋萎系数以上范围内的水，其中，土壤有效水最大含量（%）=田间持水量（%）-凋萎系数（%），土壤水类型为毛管水。

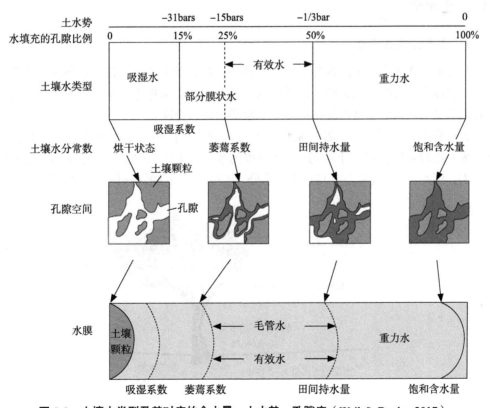

图 8-2　土壤水类型及其对应的含水量、土水势、孔隙度（Weil & Brady, 2017）

土壤有效水最大含量因不同质地而已，见表8-2所列，土壤质地由砂变黏时，田间持水量和萎蔫系数增高，但增高的比例不同。轻黏土的田间持水量虽高，但萎蔫系数也高，所以其有效水最大含量并不一定比壤土高。因此，在相同条件下，中壤土的抗旱能力反而比黏土强。

表 8-2　土壤质地对有效水含量范围的影响　　　　　　　　　　　　　　%

土壤质地	田间持水量	凋萎系数	有效水最大含量
松砂土	4.5	1.8	2.7
砂壤土	12.0	6.6	5.4
中壤土	20.7	7.8	12.9
轻黏土	23.8	17.4	6.4

在土壤中，最有利于植物吸收、运动速度又快的是速效水。其有效范围在田间持水量的70%（即毛管断裂量）到田间持水量。植物吸水力明显高于土壤对水的吸力，水向根吸收点迅速运动。而从田间持水量的50%~70%较粗的毛管水，已被大部分利用，呈不连续状态，水分运动很慢，植物可利用，但常呈"根就水"状态，称为弱有效水。从萎蔫系数到田间持水量的50%，植物要消耗更多的能量才能吸收，称迟效水。

8.1.3　土水势

8.1.3.1　土水势及其分势

土壤水分从在土壤中的保持与运动，到被植物根系吸收、转移利用和最终到大气中散发等过程都是与能量相关的，促进土壤水分运动的能量称之为土水势。由于土壤水的运动速率很慢，其动能可以忽略不计，土水势主要为势能。

土水势的数值可以在土壤—植物—大气之间统一使用，把土水势、根水势、叶水势等统一比较可以发现，土壤的土水势＞根的水势＞树干、茎的水势＞枝叶水势＞大气势（图8-3），因此，植物可以从土壤中吸收水分，经过树干与茎叶得以利用水分并最终通过蒸

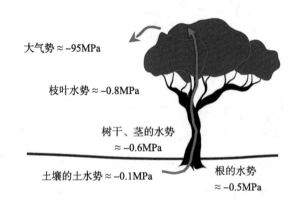

图 8-3　水分在土壤—植物—大气中的水势分布与水流运动

腾与呼吸作用进入大气，因此，土水势常被用于判断水流的方向、速度和土壤水的有效性。

根据引起土水势变化原因的不同，可以将土水势分为若干分势。

（1）基质势

在不饱和条件下，土壤受土壤吸附力和毛管力的制约的势能为基质势，为负值；土壤含水量越低，基质势越低；反之，土壤含水量越高，基质势越高；至土壤水完全饱和时，基质势达到最大，为0。

（2）压力势

土壤承受的压力超过参照状态下的标准压力而产生的势。土壤中的静水压力、气体压力及荷载压力均可形成压力势。

（3）溶质势

溶质势是指土壤水含有可溶性盐类时，会使土壤水分失去一部分自由活动的能力，由此而产生的势，为负值。

（4）重力势

重力势是指土壤水受重力作用而产生的势。

总水势则是在恒温条件下，以上4个分势的代数和。

在实际应用中，为方便起见，常将某几个分势合并起来，并另起一个名称。例如，基质势与溶质势经常合并使用，将它们的绝对值之和称为土壤水吸力。又如，当土壤中没有半透膜时，溶质势对土壤水流不起驱动作用。这样，便将其余3个分势合并在一起，称为水力势。

8.1.3.2 土水势测定

土水势的测定，一般是先测出各个分势，再综合为总水势。基质势可用张力计等方法测定，如图8-4所示，张力计由压力表、负压延长管、顶盖与陶瓷头组成，插入土壤前，打开顶盖浸泡36h，使得管内水压平衡，放置到土壤中后，压力表读数越小，代表土壤水分越多，反之则代表土壤水分越少。

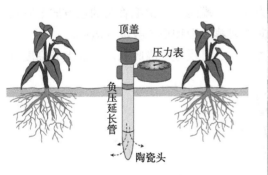

图8-4　土壤张力计结构与使用示意图

压力势可用压力表、测压管测出。渗透势与渗透压的绝对值相同，可通过测定渗透压来确定渗透势。若能测出土壤水含盐成分及其浓度，则可直接计算出渗透势的数值。重力势与土壤本身性质无关，仅取决于所研究的点与参照面之间的垂直距离，因而很容易测定。

8.1.4 土壤水分运动

土壤水分运动主要有饱和水（重力水）运动、非饱和水（毛管水）运动和气态水运动3种形式。

8.1.4.1 饱和水（重力水）运动

在土壤孔隙全部被充满，达到饱和含水量时，水分运动受重力作用支配。土壤水分在重力作用下，通过土壤通气孔隙向下渗透，称为土壤的渗透作用。土壤能使水分渗透的性能称为土壤透性，通常用渗透系数K来反映土壤透性。渗透系数是单位水压梯度下的单位流量，测定主要分实验室测定与野外现场测定。实验室测定公式利用达西定律，见式（8-6）：

$$V = -K\frac{\Delta H}{L} \quad (8\text{-}6)$$

式中 V——单位时间内通过单位面积的水量（cm/h）；
ΔH——静水压差，通常用厘米水柱高（cmH_2O）表示；
L——水流渗透距离长度；
H/L——水力梯度（cm）；
K——渗透系数（cm/h）。

土壤渗透系数（又称导水率）是土壤透水性能的指标，它与土壤孔隙状况、土壤质地、紧实度有关。砂性土孔隙多，因而其渗透系数比黏质土要大。园林压实土壤与未压实土壤相比渗透系数相差5~6倍，这是园林土壤容易产生地表径流的一个重要原因。

8.1.4.2 非饱和水（毛管水）运动

依靠毛管力保持在土层中的水，其运动服从毛管运动的一般规律，运动方向受毛管力的大小支配，即由毛管力小的一端向毛管力大的一端运行；由毛管粗的地方向毛管细的地方移动；由团粒外部向团粒内部移动；向地表蒸发面和根的吸水点运动。

当地下水位埋藏不深时，地下水借毛管力上升，可供植物吸收利用，其上升高度可从毛管作用公式求得：

$$H = \frac{2T}{rg\rho} \quad (8\text{-}7)$$

式中 H——毛管上升高度（cm）；
T——表面张力（dyn/cm）；
r——毛管半径（cm）；
ρ——水的密度（g/m³）；

g——重力加速度（cm/s²）。

常温下，T、g、d均为常数，$T = 72 \text{ dyn/cm} = 1\text{mN/m}$，$\rho = 1\text{g/m}^3$，$g = 980\text{cm/s}^2 = 9.8\text{N/kg}$，代入式（8-7）可得出：

$$H = \frac{0.15}{r} \text{（cm）}$$

孔隙半径与毛管上升高度成反比，但实际上，并不是孔隙越细，上升高度越高，还与孔径范围相关。一般而言，砂性土孔隙半径大，毛管水上升高度低，而速度快；壤质土和黏质土的孔隙半径小，毛管水上升高度大，但速率慢；过分黏重土壤孔隙太小，水分运行摩擦阻力大，以致为膜状水所充满，上升速率极慢。

膜状水在土粒表面分子引力的影响下，沿土粒表面移动，总是从水膜厚的地方向水膜薄的地方移动。

8.1.4.3 气态水运动

当土壤的重力水排除后，通气孔隙便有气态水运动，主要表现为水汽凝结和土壤蒸发。

（1）水汽凝结

土壤孔隙中，空气相对湿度常是近饱和状态。土壤气态水运动速度和方向受水气压梯度影响。水汽压可随土壤含水量和土壤温度增高而相应增大。土温高，水汽化快，水汽压升高，水汽向低温、水汽压低的方向运动，压差大，运动速度快。季节和昼夜温度变化使土壤上下层温度产生差异，水汽压随之发生变化，引起水汽的运动。秋冬季，表层土温低于下层，于是产生下层水分汽化向表层运动，并在较冷的表层聚集凝结。冬季冻结的表土层，水汽压很低，下层水汽压相对高，下层水汽不断上移，使冻土层逐渐加厚，形成"冻后聚墒"。水汽从暖的土层向冷的土层移动，在冷处凝结为液态水，这就是土壤"夜潮"现象。

（2）土壤蒸发

土壤水以气态形式扩散到大气中散失的现象，称为土壤蒸发或跑墒。表土层与近地面大气中的水汽压梯度决定了蒸发强度。干旱少雨地区和季节，太阳辐射强，易产生强烈的地表蒸发。因表土受热升温，近地表气温升高快，扩大了二者的水汽压差，加速蒸发。风可扩大土壤与空气界面间的水汽压梯度，加速蒸发。土壤含水量高，土壤吸力小，易加快蒸发。有较多的地被植物时能降低表土与近地表空气的水汽压差，降低蒸发。

在毛管水断裂量以上，水分运动传导快，蒸发速度快。土壤板结压实时蒸发也强烈，因此，及时中耕松土很重要。

8.2 土壤空气

土壤空气是土壤的重要组分和肥力因素之一。它对土壤形成和作物生长、微生物活动、养分转化等土壤的理化性质和生物化学过程都有重要影响。以下就土壤空气的主要特点、气体交换和通气性及其对园林植物等的影响进行介绍。

8.2.1 土壤空气主要特点

土壤空气存在于未被水占据的土壤孔隙中。它大部分是从大气进入的，另一部分则是土壤中各种生命活动过程的产物。因此，土壤空气与大气的组成既相似又有差异（表8-3）。一般越接近地面的土壤空气与大气越相似，而越往下层两者差异越大。

表8-3 土壤空气与大气组成的比较（容积）　　　　　　　　　　　　　%

气体	O_2	CO_2	N_2	其他气体
近地面大气	20.94	0.03	78.05	0.95
土壤空气	18.0~20.03	0.15~0.65	78.8~80.24	—

土壤空气的主要特点如下：

（1）土壤空气中CO_2含量高于大气

一般大气层中CO_2含量约为0.03%，而土壤空气中CO_2含量较之多几倍至几十倍。这主要是由于土内微生物分解有机质时产生大量CO_2与根系和微生物呼吸作用放出大量CO_2。此外，土壤中碳酸盐（如$CaCO_3$）与酸类作用时也可能产生CO_2。

（2）土壤空气中O_2含量低于大气

这主要是根系和微生物呼吸作用消耗O_2的缘故。

（3）土壤空气中的水汽含量高于大气

只要土壤含水量超过最大吸量，土壤空气湿度总是接近水气饱和状态。而大气的相对湿度即使在雨季，也不一定接近饱和。

（4）土壤空气中有时含有还原性气体

如硫化氢（H_2S）、甲烷（CH_4）、氢气（H_2）等，多是有机质在嫌气条件下分解的产物。多出现于渍水或表土严重板结以致通气不良的土壤中。

此外，土壤空气往往随不同季节和深度而变化，其O_2和CO_2含量互相消长，两者总量维持在19%~22%。CO_2含量随土层加深而增多，而O_2含量则相反，随土层加深而减少。表土CO_2含量以冬季最少，夏季为最多。

8.2.2 土壤空气与大气的交换和通气性

8.2.2.1 气体交换

土壤空气与大气间经常进行着气体交换。气体交换有2种形式：一种是整体流动；另一种是气体扩散；后者是主要的形式。气体从分压高处向低处扩散，土壤中CO_2浓度

（或分压）大于大气，所以CO_2总是由土壤中向大气扩散，以补充大气中CO_2的来源，为绿色植物的光合作用提供原料，这对生产有利。而土壤中O_2浓度（分压）小于大气，所以大气中的O_2总是向土壤中扩散。这种从土壤中排出CO_2，而O_2由大气中进入土壤的作用，称为"土壤呼吸"。正因为有了土壤呼吸作用，推动着土壤空气的交换和更新。只要土壤中生命活动不停，这种气体更新也就不会停止。

8.2.2.2 通气性

土壤与大气间的气体交换、土壤呼吸和土壤空气更新是否顺利进行，在很大程度上取决于土壤的通气性。所谓土壤通气性是指土壤允许气体通过的能力。通气性的好坏主要取决于土壤孔隙状况，特别是未被水占据的大孔隙的数量。因此，凡是影响土壤孔隙状况的因素：如土壤质地、结构、有机质含量、松紧状况及土壤水分含量等都将影响土壤通气性。所以常采用改良土壤质地、增加有机质含量、促进良好结构的形成，适当深耕、中耕松土排水落干等措施，以调节土壤通气性和改善土壤空气状况。

土质黏重而又缺乏良好结构的土壤易造成土壤板结、低洼积水等土壤通气性不良的状况，一般旱作土壤因通气不良影响作物生长的现象并不多见。

随着城市的发展和范围的扩大，城市中的土地绝大多数经历了由自然土到经过耕作的农田进而成为城市用地的演变，在此过程中，兴建的房屋和道路逐步取代了原有的植被，日益增加的人群活动和各种车辆、机械的碾压，使市区土壤越来越紧实。受到挤压的土壤容重越来越大，通气性下降，减少了土壤与大气之间的气体交换，树木因而生长不良，严重时可使根组织窒息死亡。对通气性要求较高的树木，如油松、白皮松等树种尤为明显。同时，随着土壤越来越紧实，机械阻抗也加大，妨碍树木根系的延伸。为了减少土壤紧实对城市植物生长的不良影响，除选择抗逆性强的树种外，还可通过往土壤中掺入碎树枝、腐叶土等多孔有机物，或混入适当粗砂砾、碎砖瓦等以改良通气状况。对已种过树木的地段，可在若干年内进行分期改良。在各项建设工程中应避免对绿化地段的机械碾压。对根系分布范围内的地面应防止践踏。

8.2.2.3 土壤通气性好坏的表示方法

土壤通气性好坏的表示方法主要有土壤空气孔隙度、土壤氧扩散率和Eh值等。

（1）土壤空气孔隙度

一般认为旱地作物正常生长需要土壤空气孔隙度在10%以上。

（2）土壤的氧扩散率

土壤的氧扩散率是指每分钟以扩散方式通过每平方厘米土层的氧的克数（或微克数）。其数值表示土壤中氧的补给和更新的速率。土壤氧扩散率，一般要在$20 \times 10^{-8} g/cm^2$以上才能保证大多数植物正常生长的需要。

（3）Eh值

Eh值即氧化还原电位。土壤通气性好坏影响土壤的氧化还原条件，反映土壤溶液中溶解氧的供应情况。土壤通气良好，土壤空气中氧的含量高、分压大，因而土壤溶液中溶解氧的数量也多，使土中某些物质如氮、铁、锰、硫等呈氧化态，反之则呈还原态。一般认为Eh值为300mV时是土壤呈氧化状态或还原状态的界限。旱作土壤通气良好时Eh值可达600~700mV，也是有利于苗木生长的Eh值区间。

8.2.3　土壤空气对园林植物生长和园林土壤肥力的影响

空气透入土壤的性能好坏，对种子发芽、根系发育生长、土壤微生物活动、土壤养分转化及其他一些性状影响很大。

园林植物的种子萌发同样需要较好的湿度、温度和通气条件，因为种子内部物质转化和代谢活动需要O_2，当土壤空气中的O_2含量小于10%时，大多数植物根系发育不良。在不良的通气条件下，有机质分解产生的醛类、酸类会抑制种子萌发。土壤通气良好，植物根系发育健壮，根毛多，根系有氧呼吸旺盛，供给植物吸收的营养物质的能量就多，利于根系吸收土壤中的营养物质。许多树种都要求土壤通气孔隙在15%以上，也有些树种要求低一些。植物根系生长的氧扩散率的临界值在$(12~33) \times 10^{-8} g/cm^2$；对于大多数植物，氧扩散率大约在$2 \times 10^{-8} g/cm^2$的条件下根系不再生长。对于苗圃土壤来说，土壤通气孔隙最好能保持在15%~20%，即使在游人常去的公园，土壤通气孔隙也应在10%以上为好。如草坪管理中便有曝气管理，通过曝气机把小塞子或芯打孔到草坪上（图8-5），在草坪底层土壤结构中创造开口，以便渗透根和茅草层，使必要的水和空气进入土壤，使之更好地到达基层。

图 8-5　草坪曝气机械装置与手动装置及水气热调节原理

土壤通气良好，O_2足，有利于有益微生物活动、有机质分解，释放出土壤速效养分；通气不良，会产生许多还原态物质，不利于植物吸收，积累过多会发生毒害作用。土壤通气不良会使植物抗病性减弱，诱发各种病害发生。但$Ca(PO_4)_2$和$FePO_4$的溶解度在缺氧条件下可提高，从而增加磷的有效性。土壤通气良好时，氮肥和钾肥的肥效也可明显提高。

土壤通气性对土壤氧化还原状况影响较大。通气良好，土壤呈氧化状态，如一般适合苗木生长的土壤Eh值在600~700mV。

8.3 土壤热量

土壤热量状况与土壤中的一切生命活动、化学变化和物理过程都有密切关系。植物生长、土内微生物活动、土壤养分转化和土壤水、气运动等都深刻地受到土壤热量状况的影响。因此，土壤热量是土壤重要的物理性质和肥力因素之一。

土壤热量状况常体现为土壤温度的变化。土壤温度是由土壤热平衡和土壤热性质共同决定的。了解土壤热量的平衡、特性和土温变化规律，对于调节土温状况，提高土壤肥力和适应作物丰产要求等具有重要意义。

8.3.1 土壤热量来源及其影响因素

土壤热量与其收支（平衡）情况有密切关系。土壤热量主要来源于太阳辐射能（称为"基本热源"）。其次是土内生物热（如微生物分解有机质时所放出的热），某些化学反应放出热和地球内部向地表传出的地热等。这些热源与太阳辐射热相比，其数量有限，只是"辅助性热源"。在农业生产中也常加以利用。如利用骡马粪作为苗床的酿热物进行温床育苗就是一例。

阳光垂直照射时，每分钟辐射到每平方厘米地面上的能量为8.12J。但是由于地球表面各地所处的地理位置不同，太阳辐射强度也不同。不同季节和昼夜之间，太阳辐射到达地表的热量多少也有很大的差异。而且到达地表的辐射热还有许多变化，其中有一部分被反射到大气中去，其余部分被土壤吸收。土壤吸收这部分热量后，有一部分还要以辐射的方式再返回大气，有一部分用于土壤水蒸发，还有一部分传给下层土壤，余下的热量才用于本身的升温。这就是土壤热量平衡（收支）的大致情况。

影响地面接收太阳辐射能的数量（或强度）的因素主要有纬度、海拔、坡向、大气透明度和地面覆盖物等。

（1）纬度

在低纬度地区，太阳直射地面，辐射强度大（即单位面积土壤上接受的辐射热多），所以土温高。而在高纬度地区，太阳斜射地面，辐射强度小，所以土温较低。我国地处北半球，辐射强度由南向北减弱，所以同期低纬度的南方地区的土温高于中纬度的北方地区土温，更高于高纬度的极地。

（2）海拔

平均海拔每升高100m气温下降0.46℃，土温和气温一样，随海拔升高而逐渐降低。

（3）坡向

在北半球，南坡朝向太阳，接受太阳辐射热多，土壤蒸发作用较强，土壤温度偏高，其土温往往高于相同情况下的东坡、西坡，更高于北坡。因此，利用坡向土温的差异来种植需热不同的作物，是山区农业生产应注意的问题。

（4）大气透明度

大气透明度大时，白天到达地面的太阳辐射热多，但夜间散热也快，昼夜温差大，因此，在北方秋末冬初时，有时夜间会出现霜冻。

（5）地面覆盖物

植被可直接阻挡太阳辐射，也可减少地面向大气散热，所以土温比无植被的稳定。雪的传导率小，为不良导热体，因此，地面积雪有利于保温。同一地区，到达地表的太阳辐射能是基本相同的，但是同一地区不同土壤不同状态下其土温相差很大，主要是这些土壤本身的热性质不同的缘故。

8.3.2 土壤热性质

土壤热性质主要包括土壤热容量、土壤导热性和土壤导温性。

（1）土壤热容量

土壤热容量是指单位质量或单位容积的土壤，温度每升高（或降低）1K（开尔文）时所吸收（或放出）热量的焦耳数。通常用c代表质量热容量，单位为J/（kg·K）。用c_V代表容积热容量，单位为J/（m³·K）。两者关系如下：

$$c_V = c \times \rho \tag{8-8}$$

其中，ρ为土壤容重。通常多使用容积热容量。

土壤热容量与土壤三相物质的热容量有密切关系。而土壤各组分的热容量差异很大，见表8-4所列。

表 8-4 土壤各组成的热容量

土壤组成	土壤空气	土壤水分	砂粒和黏粒	有机质
质量热容量[J/（kg·K）]	1.00	4.20	0.74	1.50
容积热容量[J/（m³·K）]	1.20	4.2×10^3	2.0×10^3	2.7×10^3
密度（kg/m³）	1.20	1.0×10^3	2.65×10^3	1.1×10^3

由表8-4可以看出，水的容积热容量最大，为4.2×10^3 J/（m³·K）；空气的容积热容量最小，为1.2J/（m³·K），两者相差约3500倍。矿质土粒的容积热容量在2.0×10^3 J/（m³·K）左右。有机质的容积热容量为2.7×10^3 J/（m³·K）。一般土壤固相变化较小，而土壤中水

和气的含量经常变化，互相消长。土壤空气的热容量很小，几乎可忽略不计，所以土壤热容量主要取决于土壤水分的含量。如黏性土，一般含水量较高，热容量较大，不易升温，称为"冷性土"；而砂土一般含水量低，热容量小，容易升温，称为"热性土"。因此，在农业生产中常常采用灌水或排水措施调节水分含量来控制土壤温度。

（2）土壤导热性

土壤吸收一定热量后，除自身吸热而升温外，还将部分热量传导给邻近的土层和大气直到完全平衡，这种性能称为土壤的导热性。土壤的导热性用导热率（λ）来衡量。导热率是指单位厚度土体，两端温差为1K时，每秒钟通过单位土壤截面的热量，单位为J/（m·s·K）或W/（m·K）。

土壤导热率的大小表示土壤导热速度的高低。热量总是由高处向低处传导。不同物质的导热率不同，一般是固相>液相>气相，金属>非金属。

土壤导热率的大小与土壤三相组成和比例有关。土壤矿物质的导热率最高为2.9W/（m·K），水的导热率次之，为0.6W/（m·K）。土壤空气的导热率最低，为0.025W/（m·K）。影响土壤导热率的因素主要是土壤的松紧度、孔隙状况和水分含量等。一般疏松多孔且干燥的土壤，其孔隙中充满了导热率极小的空气，热只能从土粒间接触点的小狭道传导，因而导热率很低。湿润的土壤情况则不同，因孔隙中由水代替了空气，而水的导热率比空气的大得多（20多倍），使导热的通道大大加大，导热率随水分的增多而增大。夏天日照时间长，土壤表面的温度高于土壤深层的温度，因此，热量从土壤表面传导到土壤深层，同时湿度更大的土壤，热传导更加密集；而冬天日照时间短，土壤深层的温度高于土壤表面，热量便从土壤深层传导到土壤表面，同时，湿度更大的土壤，其热传导更加密集，因此，湿度更大的土壤能够将更多的热量传导到土壤表面；如果此时土壤表面覆盖了积雪或其他覆盖物，则更多的能量能够被困在土壤表面，其温度也高于裸露的土壤。所以在园林植物的抗寒措施中，在树下覆盖覆盖物的基础上，也需要保证土壤的湿度，以便有更多的土壤热量可以从土壤深层传递到土壤表层来保护植物根系。

不同质地对土壤导热率的影响也不同，黏重而紧实的土壤导热率大，而疏松的砂土则导热率小。土壤导热率的高低对土温的变化影响很大。导热率低的土壤（如砂土），白天收入的热量不易下传，使受热土层的温度上升幅度大，夜间降温时下层热量不易上传，上层土壤得不到热量的补给而使土温下降的幅度也大，所以导热率低的土壤昼夜温差大。而导热率高的土壤（如黏性土）则相反，土温变幅小。

（3）土壤导温性

土壤导温性表示土壤传递温度和消除层次间温度差异的能力。土壤温导率是衡量土壤导温性强弱的指标，其含义是在土壤垂直方向上，每厘米距离内有1℃的温度梯度，每秒流入1cm^{2}土壤断面面积的热量使单位体积（1cm^3）土壤发生的温度变化，在数值上等于土壤导热率除以土壤容积热容量，单位是cm^2/s。凡影响导热率和容积热容量的土壤因素，如土壤水分、质地、松紧度、结构及孔隙状况等，均影响土壤温导率的大小。

尤其是含水量对温导率有明显影响，增大土壤湿度，温导率就随之增大。但温导率与土壤含水量的关系不是简单的线性关系，当土壤含水量增大到一次数值之后，由于容积热容量比导热率增加快，反而使土壤温导率下降了。由此可见，适当灌水或有毛管上升水的浸润，在增温时可加速土壤温度的升高。但如果水量过多，则又造成冷浆现象，即土壤温度上升极慢。在土壤成分中，水的温导率约为$0.00137cm^2/s$，土壤空气的温导率约为$0.16cm^2/s$，所以空气在静止时比水的温度变化快。因此，湿润的土壤在昼夜间、上下土层间的温度变化比较小。

8.3.3 土壤温度对土壤肥力及园林植物生长的影响

土壤温热状况可以通过对土壤微生物活动的影响来调节土壤中有机质的分解、积累速率及养分的释放。土壤氮素矿化受温度影响明显，其矿化量是耕层土壤有效积温的函数，旱地土壤中最有利于硝化过程的土温是27~32℃，其对土壤磷素供应的影响复杂。土温对土壤中离子扩散速率影响较大，最终将反映在植物对养分的吸收上。土温升高，土壤中的水分运动快，气体扩散作用加强，水分由液态加速变为气态，造成损失。

土壤温度对植物生长的影响是多方面的。土温直接影响种子发芽和植物生长发育，特别是对根系吸收水分和养分有较大影响。一般在温带生长的乔木树种的根系，当冻结到根系土层时停止生长。苹果根系在土温上升到7℃时生长速率加快，土温升至21℃时生长量很大。3年生火炬松，在20~25℃的条件下根系生长最快。林木根系一般在5℃以上就能生长，但当土温升至35℃时，其生长就开始停滞。

根系吸水率在一定范围内随着土温的升高而相应增加，但超过一定限度后，其吸水就会受到抑制。对养分的吸收也是如此。

种子发芽有一定的温度要求。云杉种子发芽最适温度为20℃，松树则为25℃，落叶松种子8~10℃便可萌发。通过调节土壤温度，可以控制花草的营养生长与生殖生长，抑制病虫害的发生。在保护地栽培管理上应用较广。

8.4 土壤水、气、热调节

土壤孔隙中的水和空气之间是一种相互消长的关系。水多气少，水少气多。由于空气和水的导温性、导热性和热容量不同，土壤中水、气在数量上的消长，必然要影响到土壤的温度状况。湿土温度上升慢，下降也慢，不同土层深度的温度梯度也比较小；干土温度上升快，下降也快，而且不同土层深度的温度梯度也较大。土壤热状况影响水状况和空气状况。当土温较高时，土壤的蒸发量也较大，此时土壤易失水干燥，也易通气，因此，要根据它们之间的相互关系，调节土壤水、气、热状况。

8.4.1 通过耕作和施肥调节

园林压实土壤的耕翻很重要。有条件的地方可深翻，增施有机肥，种植地被植物。这样既改善了土壤通透性，又增加了土壤的保蓄性，能够提高田间持水量和有效水的含量，同时减少了地表径流。

由粗细砂堆积而成的堆垫土及炉灰垃圾、石灰渣类堆垫土，可结合松土或镇压，在其上施针叶土、草炭土等。种植较耐旱的地被植物，有助于水土保持、土壤培肥。使用率较高的游步道可使用透气铺装。这在一些公园已经取得了较好的效果。

对于苗圃、花园，在花木苗期进行中耕除草很重要，既可防止杂草与花木争夺水分、空气和养分，又可以破除一些土壤表面的结壳或板结层，疏松表层土壤，切断土壤毛管联系，减弱毛管作用，有利于减少水分蒸发，增加土壤的通透性。改变了土壤的通透性，也就改变了土壤的热容量和导热性，有利于提高地温。

8.4.2 通过灌水和排水调节

灌水是通过人为办法补充土壤有效水的不足，以满足花草苗木或林木在各生长阶段对水分的需要。公园灌水是保证供水最重要的措施，尤其对于降水不足的地区，往往伴随土壤地表紧实、水下渗差，质地粗、保水性差，地面覆盖差、蒸发强烈等问题，从而造成较大面积、长时间干旱，不利于园林植物生长，因此，适时灌水显得十分必要。

高温干旱的季节性供水不足，也会严重影响树木正常生长。例如，许多古树名木生长地会选择安装喷灌、滴灌等灌水措施，往往能够在高温干旱季节取得较好的保护效果。同时有采用在古树下开土盘灌水的方法解决季节性供水不足的问题。在一些压实面积大、未翻土的地方还可以通过适当挖渗水井、渗水沟来进行定点施肥灌水，也有一定的效果。此外，夏季土温很高，灌水也可使根系活动层范围土温下降至适宜温度，有利于苗木或林木根系的生长。晚秋灌水，可以增加土壤热容量，土温因而不易急剧下降，这便是园林绿化养护与管理中经常提到的"封冻水"，有利于苗木、林木越冬。

对一些坡地，可适当改造小地形，种植高低错落的地被植物固土保水。对一些低洼地，一定要建好排水系统，配套排灌，旱能浇，涝能排，可根据环境需要建明沟或暗沟排灌水。

8.4.3 通过地面覆盖调节

地面覆盖也可较好地调节土温，不裸露土壤也是园林绿化常规管理的基本原则与共识。园林覆盖物包括无机类型的地膜、砾石、鹅卵石、煅烧陶粒，有机类型为树枝碎料、树皮、松针、草屑等。对于土壤水分而言，园林覆盖物可以减少地面直接的蒸腾作用，从而保持土壤水分；对于土壤热传导而言，覆盖物可以保持较平衡的土壤温度。例如，地膜的导热缓慢，使土壤在强阳光下保持相对凉爽，同时能在严寒天气条件下保持温暖。对于育苗过程，地膜的作用更为重要，既可以提高地温，又能保持土壤水分。对一些裸露的地方如树堰中放一些小石块或草炭也可减缓蒸发。如北京天坛公园在围栏内大面积种植地被植物，土壤含水量比周围裸地高5%~10%。

此外，采用阳畦、温室、风障等措施进行育苗工作，可以较好地调节土温，减少水分蒸发。喷施土面保墒增温剂，可以降低水分蒸发，提高土温。

由于无机覆盖物比较容易获得，我国初期采用鹅卵石和铁板进行树洞覆盖，在一些园林中也采用砾石和陶粒覆盖造景。然而由于有机覆盖物更环保、可再生，以其独特的林地生态景观受到业界的重视。因此，越来越多的企业从事有机覆盖物的研究、开发和生产，获取有机覆盖物也变得越来越方便。

8.4.4 营造防护林带和林网

在干旱多风的地区，营造防护林带和林网可以改变小气候，增加土壤水分。此法对防风固沙、保持水土、保水蓄水效果较好。

拓展阅读

城市园林树木的灌溉

城市园林树木的水分补给主要来自雨水补充、地下水补给与人工灌溉。

对于地下水位较深的区域，通过频繁灌溉获得水分补充的树木，扎根情况如图8-6所示，树木根系主要集中在灌溉水下渗的区域；而对于主要依靠雨水补充的树木，扎根则靠近地表，并且其尽可能扩大接触地表土壤的范围以获得更多的水分。这2种情况均不利于树木的健康生长。因此，可以通过在栽种时在树木下方布置一根L型渗漏管，一端通向地表，既可以通过人工灌溉将水分送达根系深处，促进根系向更深层生长，又可以促进根系与大气的水气热交换，将更多的O_2送至根系，解决城市土壤紧实度大、通透性差的问题。

图8-6　城市园林树木的灌溉与根系生长关系

小　结

本章节从土壤水的类型、土壤含水量的表示方法、土水势的概念与水分运动等方面介绍了土壤水，并进一步介绍了土壤空气的特点、土壤中的气体交换与通气性及其表示方法，还介绍了土壤热量来源及影响因素与热性质，使学生对土壤中水、气、热有基本的概念认识，对其相互作用有更为深入的理解，为园林植物的水分热量管理奠定理论基础。

思考题

1. 在园林水分管理技巧中经常会提到"浇透水"，请根据本章节的内容试述"浇透水"的依据。

2. 与"封冻水"相对应的还有"解冻水",请解释"解冻水"的水、气、热原理。

3. 城市园林绿化土壤多为人工填土,请查阅人工填土的组成及其在水、气、热上与自然土之间的差异,并简单说明人工填土种植园林植物的技术特点。

4. 利用本章学习的知识阐述网上商城可以买到的"浇水神器""缺水提醒仪"的技术原理。

推荐阅读书目

1. 园林绿化养护从入门到精通. 李雷. 化学工业出版社,2015.
2. 园林生态学. 温国胜,杨京平,陈秋夏. 化学工业出版社,2007.

第 9 章 土壤胶体与离子交换

土壤的离子交换现象,是土壤中普遍存在的一种胶体现象,是土壤重要的电化学性质之一。土壤离子交换的物质基础是土壤胶体及存在于土壤溶液中的各种离子。因此,土壤的离子交换现象的强弱和交换量的大小,与土壤胶体的种类、数量、结构及环境条件(包括溶液的pH值、溶液中的离子种类、浓度等)有密切的关系。不同的土壤,发生离子交换的物质基础不一样,所以表现出来的离子交换量和离子吸附强弱也不相同。本章将着重介绍土壤中的离子吸附和交换现象,以及其在土壤肥力上的重要意义。

9.1 土壤胶体概念与基本构造

9.1.1 土壤胶体概念

9.1.1.1 土壤胶体是一种分散系统

土壤之所以能够对离子进行吸附和交换,其根本原因在于土壤带有电荷,而这些电荷基本上是由土壤胶体提供的。胶体是一种分散系统,以分散相均匀地分散在介质中,构成胶体分散系统,如豆浆是大豆蛋白分子分散在水里,烟是微细的炭粒分散在空气中,云雾是小水滴分散在大气中等。土壤是一个复杂的多元分散系统。一般情况下,把土壤固相颗粒作为分散相,而把土壤溶液和土壤空气看作分散介质。

9.1.1.2 土壤胶体大小范围

土壤胶体是细小土粒分散在土壤溶液和土壤空气中形成的分散系统。土壤胶体颗粒的直径一般在1~100nm（长、宽、高3个方向上，至少有一个方向在此范围内），但实际上土壤中小于1000nm的黏粒都具有胶体的性质，所以土壤胶体的大小范围与通常所指的胶体有所不同，直径在1~1000nm的土粒都可归属于土壤胶体的范围。这些微小的固体颗粒，按其组成看，可以是无机的颗粒（如铝硅酸盐，铁、铝、锰、钛的氧化物和硅胶等黏粒矿物），也可以是有机的颗粒（如膜状的或游离态的腐殖质），还可以是有机和无机两种胶体复合而成的有机无机复合体。

土壤中各种类型胶体的表面性质、反应活性与能量等都显著不同。根据表面结构的特点，可将土壤胶体大致分为硅氧烷型胶体、水合氧化物型胶体和有机物型胶体3种类型。

（1）硅氧烷型胶体

2∶1型黏土矿物的单位晶片由八面体铝氧片夹在两层硅氧四面体中间所组成（图9-1）。它所暴露的基面是氧离子层紧接硅离子层所组成的硅氧烷（Si—O—Si），因而将其基面称为硅氧烷型表面。云母的基面是最典型的硅氧烷型表面。蒙脱石、蛭石及

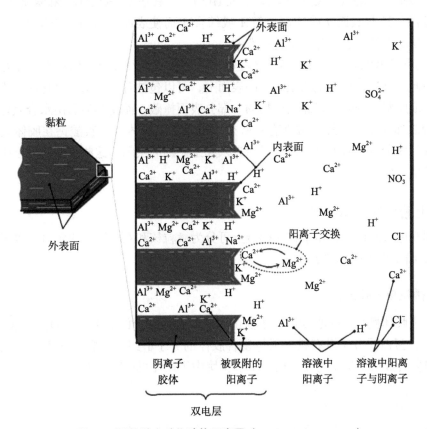

图 9-1 层状黏土矿物胶体示意图（Weil & Brady, 2017）

其他2∶1型黏土矿物的基面也都是硅氧烷型表面。高岭石和其他1∶1型黏土矿物只有1/2的基面是硅氧烷型表面。硅氧烷型表面是非极性的疏水表面，不易解离。其电荷来源除断键外，主要靠Si^{4+}部分被Al^{3+}同晶置换而产生的电荷。这样产生的电荷不因pH、阳离子和电解质浓度的变化而变化，而且颗粒边面羟基的效应也很小。

（2）水合氧化物型胶体

水合氧化物型表面是指由金属阳离子和氢氧基组成的表面，一般用M—OH表示，M为黏粒表面的配位金属离子或硅离子，如铝醇（Al—OH）、铁醇（Fe—OH）和硅烷醇（Si—OH）等。1∶1型层状硅酸盐黏土矿物的羟基铝层基面、硅氧烷型基面上因断键而产生的硅烷醇、晶形和非晶形水合氧化物与氢氧化物表面等都是水合氧化物型表面。氧化物表面的羟基是土壤中数量较丰富、非常活跃的功能团，对土壤电荷特性、离子吸附等表面性质影响较大。与硅氧烷型表团不同，水合氧化物型表面是极性的亲水表面，水合氧化物型表面质子的缔合和离解可以产生电荷，这种电荷的数量因土壤溶液的pH和电解质浓度的变化而变化。

（3）有机物型胶体

有机物因有明显的蜂窝状特征而具有较大的表面。有机物表面上具有羧基（—COOH）、羟基（—OH）、酮基（=O）、醛基（—CHO）、甲氧基（—OCH_3）和氨基（—NH_2）等活性基团。这些表面功能团可离解H^+或缔合H^+而使表面带电荷。土壤中的胡敏酸、富里酸、胡敏素等的表面都属于这一类型。

上述3种类型的表面，在土壤中不是单独存在的，而往往是交错混杂、相互影响地交织在一起。例如，在层状黏土矿物的表面上，可以包被着一些水合氧化铁或水合氧化铝胶体，或腐殖质胶体，将黏土矿物的一部分表面掩蔽，而使其显示出水合氧化物型或有机物型表面性质。另外，常常有一些杂质混入土壤胶体，如碳酸钙在胶体表面上沉淀，或者一些杂质、简单有机物有可能进入黏土矿物的层间，这些都会使黏土矿物的表面性质发生改变。

9.1.2　土壤胶体基本构造

根据双电层理论，胶体微粒在构造上可分为微粒核和双电层（决定电位离子层和补偿离子层）两部分（图9-2）。

9.1.2.1　微粒核（胶核）

胶核是胶体微粒的核心物质，主要由腐殖质，无定形的SiO_2、Al_2O_3、Fe_2O_3，铝硅酸盐矿物，蛋白质分子及有机—无机复合胶体的分子群组成。它们在表层土壤中以有机—无机复合胶体的形式为主，而在下层土壤中则以无机矿物质为主。

9.1.2.2　双电层

胶核表面的一层分子通常解离成离子，形成符号相反而电量相等的两层电荷、同时在静电引力的作用下，胶核可以吸附周围溶液中带相反电荷的离子面形成两层离子层，这样就构成了双电层，胶核表面的电荷数量对外层中带相反电荷的离子数量具有决定作用，因而称为决定电位离子层。

外层电荷（离子）对决定电位离子层起补偿作用，使整个胶体微粒达到电中性，因而称为补偿离子层，而这些来源于溶液中的带相反电荷的离子就称为补偿离子。

（1）决定电位离子层

决定电位离子层电荷的正负决定胶核表面吸附的离子种类（阳离子、阴离子），电位的高低决定吸附离子的多少。一般而言，土壤中铝硅酸盐和有机胶体带负电，氧化铁胶体多带正电，氧化铝胶体则为两性胶体，所带电荷视环境pH值而定。决定电位离子层电位的高低由胶体净电荷的多少决定，一般情况下，带负电的土壤胶体在数量上要多些，所以土壤的净电荷多为负电荷。

（2）补偿离子层

在溶液中胶核表面的电荷通过静电引力将反号离子吸引在胶核的外围，而反号离子由于热运动，总有远离胶核表面的趋势，同时，反号离子被吸附力的大小与离子电荷的数量成正比，而与距离的平方成反比（库仑定律）。因此，胶核表面的反号离子多而活性低，离胶核表面越远，反号离子越少而活性增大。根据补偿离子的活性，又可把补偿离子层分为非活性补偿离子层和扩散层两层，非活性补偿离子层是一层靠近胶核表面的决定电位离子层，被吸附得很紧，难以解离，基本不具有交换作用，所吸附的养分较难被植物吸收利用。非活性补偿离子和胶核决定电位离子层是一个整体，因而称为胶体。当胶体和周围环境起代换作用时，大都发生在胶粒表面，而不在胶粒内部，所以，胶粒是胶体起作用的基本单位。而扩散层离子分布在非活性补偿离子层以外，距离决定电位

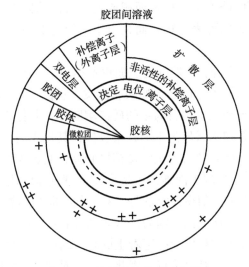

图 9-2　土壤胶体构造示意图

离子层较远,所受吸附力较弱,能和周围环境中的离子进行交换。扩散层中离子的分布并不均匀,距离胶粒越远越接近溶液,离子数量越少,也就是这一层逐渐过渡到微粒表面溶液。由于胶粒与扩散层离子有吸引力,扩散层离子与溶液中的自由离子不同,始终只能随胶粒移动,这就是交换性阳离子可以不随水移动,可暂时性保存在土壤中的原因。

9.2 土壤胶体表面性质

土壤胶体是土壤中颗粒最细小的固相组分,其活跃的表面特性影响着土壤中的一系列物理和化学性质,在土壤胶体表面性质中最为重要的是其表面积和带电性。

9.2.1 土壤胶体比表面积和表面能

土壤胶体的表面积大小通常用比表面积来表示。比表面积(简称比表面)是指单位质量或单位体积物体所具有的总表面积(m^2/g或m^2/kg),即

$$比表面积 = \frac{总表面积}{质量(体积)} \tag{9-1}$$

比表面积是用一定实验技术测得的单位质量土壤胶体的总表面积,它可作为评价土壤胶体表面活性的一项重要指标。就表面位置而言,土壤胶体的表面可分为内表面和外表面。内表面一般指膨胀性黏土矿物的晶层表面和腐殖质分子聚集体内部的表面。外表面指黏土矿物、氧化物和腐殖质分子暴露在外的表面。一般外表面产生的吸附反应是很迅速的,而内表面的吸附反应则往往是一个缓慢的渗入过程。土壤中的高岭石、水铝英石和铁铝氧化物等以外表面为主,蒙脱石、蛭石等则以内表面为主。由于土粒的形状各不相同,表面凹凸不平,故表面积要比光滑的球体大得多。片状结构的无机胶体颗粒,不仅具有巨大的外表面积,而且由于颗粒内部的晶层之间可以扩展,也具有很大的内表面积。

不同土壤的胶体组成不同,土壤的比表面也不相同。一般土壤中有机质含量高,2:1型黏土矿物多,则比表面较大。反之,如果有机质含量低,1:1型黏土矿物较多,则其比表面就较小。以高岭石和三水铝石为主的砖红壤胶体,其比表面只有60~80m^2/g,并以外表面为主;以高岭石和水云母为主的红壤胶体,其比表面为100~150m^2/g,外表面积大于内表面积;以水云母和蛭石为主的黄棕壤胶体,其比表面为200~300m^2/g,且以内表面为主。表9-1列出了我国中南地区主要类型土壤胶体的比表面及主要黏粒矿物组合。可见是符合上述情况的。值得注意的是,对于某些非晶形氧化物含量较高的土壤胶体,它们也可能具有较大的比表面,因为这些非晶形氧化物的比表面要比晶质氧化物的比表面大得多。比表面在很大程度上决定着土壤胶体的反应活性,比表面较大的土壤胶体一般对离子和分子有更多的结合位点。因此,比表面大的土壤胶体通常具有更强的吸附无机离子和低分子有机化合物的能力。

表 9-1　中南地区主要土壤胶体的比表面及主要黏粒矿物组合

土壤胶体	比表面（m²/g）	主要黏土矿物	表面特征
砖红壤	60~80	高岭石、铁铝氧化物	以外表面为主
红壤	100~150	高岭石、1.4nm过渡矿物、水云母	外表面大于内表面
黄棕壤	200~300	水云母、蛭石、高岭石	以内表面为主

土壤胶体有巨大的比表面积，因而产生了巨大的表面能。表面能是指界面上的物质吸引力相等而相互抵消的能量。表面分子则不同，是指在胶体与液体或气体接触的界面上由于液体分子所具有的多余的不饱和能量。物体内部分子处在周围相同分子之间，在各个方向上受到的或气体分子对它的引力小于胶体内部分子的引力，使胶体表面分子产生多余的不饱和能量。

9.2.2　土壤胶体带电性

自然界土壤通常同时带有正和负2种电荷，由于土壤所带的负电荷的数量一般都多于正电荷，除了少数土壤在强酸性条件下可能出现正电荷外，一般土壤都带负电荷。土壤胶体的种类不同，其产生电荷的机制也各异，据此，可将土壤胶体电荷分为永久电荷和可变电荷2类。

9.2.2.1　永久电荷

永久电荷是指由于黏土矿物晶格内的同晶替代所产生的电荷。黏土矿物的结构单位为硅氧四面体和铝氧八面体，在四面体内的硅和八面体内的铝都可以被其大小与之相近的离子所代替而黏土矿物的结构却不发生变化，此过程称为同晶替代。例如，Si^{4+}可以被Al^{3+}所代替，Al^{3+}可以被Mg^{2+}所代替，这样代替以后，所产生的电荷不平衡，就使黏粒表面表现出负电性。同晶替代是在黏粒矿物形成时产生黏粒晶格的内部，所以这种电荷一旦产生后就不能改变，而成为黏粒矿物的永久性质，因而称为永久电荷。2:1型黏土矿物（如蒙脱石和伊利石）的同晶替代较多，所以它们的电荷中永久电荷较多；而1:1型黏土矿物（如高岭石）由于缺乏同晶替代现象，它们的电荷中永久电荷较少。

土壤的永久电荷大部分分布在被称为土壤胶体的层状铝硅酸盐的晶面。土壤胶体表面上的吸附性离子由库仑力所保持着。至于这种库仑力的大小，与发生同晶替代位置有关，对2:1型黏土矿物来说，同晶替代作用发生在铝氧八面体内，因为与晶面距离较远，库仑力就较弱，因而对离子的吸附力也弱；反之，如果同晶替代发生在硅氧四面体内，库仑力就较强，对离子的吸附力也就较强，从而影响到代换性离子的有效度。

9.2.2.2　可变电荷

可变电荷是由胶体表面分子或原子团解离所产生的电荷。可变电荷的数量和性质，随着介质的pH、可变电荷表面性质和电解质浓度的改变而改变，因而将其称为可变电荷。产生可变电荷的主要原因是胶核表面分子或原子团的解离,下面介绍几种常见情况。

(1) 含水氧化硅（$SiO_2 \cdot H_2O$ 或 H_2SiO_3）的解离

$$H_2SiO_3 + OH^- \rightleftharpoons HSiO_3^- + H_2O$$

$$HSiO_3^- + OH^- \rightleftharpoons SiO_3^{2-} + H_2O$$

(2) 黏粒矿物的晶面上 OH^- 基中 H^+ 的解离

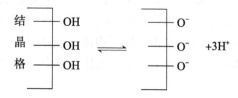

高岭石组黏粒矿物的晶体表面含 OH^- 较多,所以这一机制对高岭石类胶体电荷的产生是特别重要的。

(3) 腐殖质上某些原子团的解离

$$R-\underset{\underset{O}{\|}}{C}-OH \longrightarrow R-\underset{\underset{O}{\|}}{C}-O^- + H^+$$

$$R-OH \longrightarrow R-O^- + H^+$$

(4) 含水氧化铁和水铝英石表面分子中 OH^- 的解离

$$Fe(OH)_3 \longrightarrow Fe(OH)^{2+} + OH^-$$

$$Al(OH)_3 \longrightarrow Al(OH)^{2+} + OH^-$$

从以上4种情况看,土壤胶体所带电荷的数量和性质与介质的pH值密切相关。前三者只有在碱性环境中才能产生,其电荷的数量随着介质pH值的升高而增加,因为在这样的条件下,溶液中 H^+ 少,促进了它们的解离,从而使土壤的负电荷得到了增加,提高了土壤吸附阳离子的能力。这个机理对提高土壤肥力很有意义,在农业实践中得到了广泛的应用。

含水氧化铁和水铝石的解离,要在强酸性条件下才会发生。据研究,含水氧化铁和水铝石周围的pH值在分别达到3.2和5.2以下时,才会使胶体表面分子中的 OH^- 解离,从而使胶体本身带上正电荷,pH值越低,其所带的正电荷数量越多。此种情况对土壤肥力是不利的,应采取措施加以改良。

9.2.2.3 土壤电荷数量和密度及影响因素

土壤电荷的数量决定吸附离子的数量,单位质量土壤的电荷越多,对离子的吸附量也越大。土壤电荷的密度则决定了离子的吸附强度,电荷密度越大,吸附能力越强（或越牢固）。土壤对离子的吸附量和强度的大小对保蓄和提供植物有效养料都有重要影响。

（1）土壤电荷数量

土壤电荷的数量一般用每千克物质吸附离子的厘摩尔数来表示，单位是cmol/kg风干土。土壤电荷主要集中在胶体部分。土壤颗粒组成中，小于2μm的胶体（包括无机胶体和有机胶体）部分是土壤带电荷的主体，80%以上的土壤电荷量集中在胶体部分，有些土壤的电荷量几乎全都是由土壤胶体部分所引起的。胶体组成成分是决定其电荷数量的物质基础，土壤胶体组成不同，其所带电荷的数量也不同。含有较多蛭石、蒙脱石或有机质的土壤胶体，其电荷量一般较高；含有较多高岭石和铁铝氧化物的土壤胶体，其电荷量一般较低。对矿质土壤而言，黏土矿物是土壤胶体的主体，它对土壤胶体电荷量的贡献大于有机质。通常情况下，土壤是带负电荷的，所以电荷的数量一般是指负电荷的数量。

（2）土壤电荷密度

所谓土壤电荷的密度是指单位面积（$1m^2$）上的电荷数量（cmol/kg风干土）。以式（9-2）表示：

$$土壤表面积电荷密度 = \frac{土壤电荷数量}{土壤表面积} \tag{9-2}$$

据研究，一般土壤或土壤胶体表面的电荷数量，在pH值为5~8时，每平方厘米在1×10^{-7}~3.5×10^{-7}时，砖红壤胶体表面电荷密度在10μC左右，红壤类在15~20μC，苏北的沤田土壤约为23μC，随着pH值的升高，土壤表面电荷密度有增大的趋势。

关于土壤表面电荷密度的研究结果很少，到目前为止，这个问题还处在研究阶段，无论在理论上或研究方法上尚不够完善和成熟，此处不详细讨论。

9.3 土壤阳离子交换作用

9.3.1 交换性阳离子和阳离子吸附与交换作用

自然条件下，土壤的有机胶体或无机胶体一般都带负电荷，则胶体表面通常吸附着多种带正电荷的阳离子，这种吸附所涉及的作用力主要是土壤的表面负电荷与阳离子之间的静电作用力（或库仑力）。土壤中被胶体吸附着的阳离子，可以分为2类，一类是氢离子和铝离子，另一类是其他盐基离子（如Ca^{2+}、Mg^{2+}、K^+、NH_4^+等）。被吸附的阳离子处于胶体表面双电层扩散层的扩散离子群中，成为扩散层中的离子组成部分。对胶体表面而言，这些吸附阳离子是完全离解的；对土壤溶液而言，它们是可以自由移动的。因此，土壤胶体表面所吸附的离子，大部分都可以和其他阳离子相互交换，这种能相互交换的阳离子称为交换性阳离子，而这种相互交换的作用就称为阳离子交换作用（图9-3）。例如，假定某一种土壤原来所吸附的离子为H^+、K^+、NH_4^+、Na^+、Mg^{2+}等，以后施用钙质肥料，就会产生阳离子交换作用，钙离子能把原来吸附的离子部分地交换出来，其交换反应可以用下面的示意式表示：

$$\begin{array}{c}K^+\\K^+\end{array}\left[土壤胶体\right]\begin{array}{c}NH_4^+\quad NH_4^+\\H^+\\H^+\end{array} + 3Ca^{2+} \rightleftharpoons Ca^{2+}\left[土壤胶体\right]\begin{array}{c}Ca^{2+}\\ \\ \end{array} \quad Ca^{2+} + 2H^+ + 2K^+ + 2NH_4^+$$

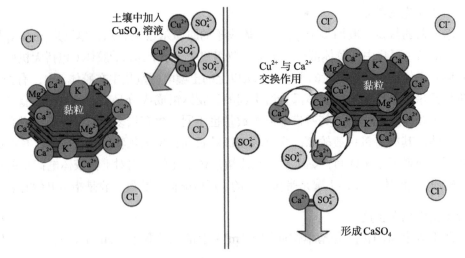

图 9-3　阳离子交换作用（Weil & Brady，2017）

离子从溶液转到胶体上来的过程，称为离子的吸附过程。而原来吸附在胶体上的离子转移到溶液中去的过程，称为离子的解吸过程。

从离子的本性来看，不同价态的阳离子与土壤胶体表面亲和力的大小顺序一般为 $M^{3+} > M^{2+} > M^+$。例如，对红壤、砖红壤和膨润土吸附阳离子的研究表明，3种土壤对几种阳离子的吸附能的顺序为：Fe^{3+}、$Al^{3+} > H^+ > Ca^{2+} > Mg^{2+} > NH_4^+ > K^+ > Na^+$。因此，当土壤溶液中含有浓度相同的一价、二价和三价阳离子时，土壤胶体主要吸附三价阳离子。对化合价相同的阳离子而言，吸附强度主要取决于离子的水合半径。一般情况下，离子的水合半径越小，离子的吸附强度越大。例如，一价的 Li^+、Na^+、K^+、NH_4^+、Rb^+ 的水合半径依次减小（表9-2），离子在胶体表面的吸附亲和力顺序为 $Rb^+ > Na^+ > K^+ > Na^+ > Li^+$。$Rb^+$ 的吸附力最强，因为它的水合半径最小，离子外面较薄的水膜使离子与肢体表面的距离较近。相反，拥有较厚水膜的 Li^+，其与胶体表面的距离相对较远，吸附力弱。氢离子在土壤溶液中是最不缺乏的离子，且其代换力又大，所以排水良好的土壤在雨水影响下，常常会慢慢走向酸性的道路，但在人力的干预下，这一趋向是可以防止的。

表 9-2　离子半径及水化程度与交换能力关系

一价离子的种类	Li^+	Na^+	K^+	NH_4^+	Rb^+
真实离子的半径（10^{-1}nm）	0.78	0.98	1.33	1.43	1.49
水化后离子的半径（10^{-1}nm）	10.08	7.90	5.37	5.32	5.09
离子在胶体上的吸着力	小 ──────────────────────────→ 大				
离子对其他离子的代换力	小 ──────────────────────────→ 大				

9.3.2　阳离子吸附与交换作用特征

阳离子交换作用主要有以下3个特征：

（1）阳离子交换作用是一种可逆反应

当溶液中的离子被土壤胶体吸收到其表面上而与溶液达成平衡后，如果溶液的组成或浓度改变，则胶体上的交换性离子就要和溶液中的离子产生逆向交换，将已被胶体表面吸附的离子重新归还到溶液中，建立新的平衡。这个原理对农业化学的实践有很大意义。如植物根系从土壤溶液中吸收了阳离子养料，就可以获得吸着在土壤胶体上的交换性阳离子养料的补给。另外，可以通过施肥及土壤管理措施，恢复和提高土壤肥力。

（2）阳离子交换遵循等价交换的原则

各种阳离子之间的交换，是以离子价为根据的等当量交换，例如，用带2个正电荷的Ca^{2+}去交换带1个正电荷的K^+，则1mol Ca^{2+}可交换2mol K^+。同样，1mol Fe^{3+}需要3mol H^+或者Na^+来交换。

（3）阳离子交换符合质量作用定律

阳离子交换作用是一个可逆反应，也就是说在反应建立平衡时，各反应产物的克分子浓度乘积，除以各反应物的克分子浓度乘积所得的商，在温度固定时是一个常数，叫平衡常数，所以离子价较低，交换能力较弱的阳离子，如果提高了它的浓度，根据质量作用定律，也可以交换离子价较高、吸附能力较强的阳离子。这一原理对保持土壤阳离子养料有重要意义。可以通过增加土壤中有益离子浓度来控制离子交换方向，从而培肥土壤，提高土壤的生产力。

9.4 土壤阳离子交换量

土壤阳离子交换量（CEC）是指土壤所能吸附和交换的阳离子的容量，用每千克土壤吸附的一价离子的厘摩尔数表示。

不同土壤间阳离子交换量是不同的，决定土壤阳离子交换量大小的实际上是土壤所带的负电荷的数量。影响土壤负电荷量的因素主要有以下3方面：

（1）胶体类型

由于不同土壤胶体所带的负电荷差异很大，阳离子交换量也明显不同，由表9-3可知，含腐殖质及2:1型黏土矿物较多的土壤，其阳离子交换量较大，而含高岭石及氧化物较多的土壤，其阳离子交换量较小。

表9-3 不同类型土壤胶体的阳离子交换量

土壤胶体类型	一般范围	平均值
蒙脱石	70~95	80
伊利石	20~40	30
高岭石	3~15	10
含水氧化铁铝	极微	—
有机胶体	200~500	350

（2）胶体数量

土壤中带电的颗粒主要是土壤胶体即黏粒部分，因此，土壤黏粒的含量越高，即土壤质地越黏重，土壤负电荷量越多，土壤的阳离子交换量越高，而土壤中SiO_2/R_2O_3分子比例越小，阳离子交换量越小。此外，含腐殖质越丰富的土壤阳离子交换量也越大。

（3）土壤pH值

由于pH值是影响可变电荷的重要因素，土壤pH值的改变会导致土壤阳离子交换量的变化，在一般情况下，随着土壤pH值的升高，土壤可变负电荷增加，土壤阳离子交换量增大。可见，在测定土壤阳离子交换量时，控制体系的pH值是很重要的。

土壤阳离子交换量是土壤的一个很重要的化学性质，它直接反映了土壤的保肥、供肥性能和缓冲能力，也是进行土壤分类的重要指标。我国北方的黏质土壤，所含黏粒以蒙脱石和伊利石为主，所以阳离子交换量大，其交换量一般在20cmol（+）/kg以上，有的可高达50cmol（+）/kg以上。而南方红壤，因其含有机胶体一般较少，同时其黏粒以高岭石和水化氧化铁、水化氧化铝等为主，阳离子交换量一般较小，通常均在20cmol（+）/kg以下。例如，浙江省典型的红壤其代换量往往在10cmol（+）/kg以下，有的只有5~6cmol（+）/kg，种稻熟化后，可增至15cmol（+）/kg左右。

9.5 土壤盐基饱和度

土壤胶体上吸附的交换性阳离子可以分为2类，一类是致酸离子，如H^+和Al^{3+}；另一类是其他盐基离子，如Ca^{2+}、Mg^{2+}、K^+、Na^+、NH_4^+等。当土壤胶体上所吸附的阳离子都属于盐基离子时，这一土壤的胶体呈盐基饱和状态，称为盐基饱和土壤。当土壤胶体上所吸附的阳离子仅部分为盐基离子，而其余一部分为氢离子及铝离子时，该土壤呈盐基不饱和状态，称为盐基不饱和土壤。盐基饱和土壤具有中性或碱性反应，盐基不饱和土壤则呈酸性反应。

土壤盐基饱和的程度通常用盐基饱和度来表示，即用交换性盐基占阳离子交换量的百分数来表示，如式（9-3）所示：

$$盐基饱和度 = \frac{交换性盐基总量[cmol（+）/kg]}{阳离子交换量[cmol（+）/kg]} \times 100\% \tag{9-3}$$

以表9-3的数字为例，这一土壤的阳离子交换量为13.6cmol（+）/kg，其中，10cmol（+）/kg为非盐基性的H^+离子，只有3.6cmol（+）/kg为各交换性盐基离子（包括Ca^{2+}、Mg^{2+}、K^+、Na^+），所以盐基饱和度=（3.6/13.6）×100% = 26.4%。盐基饱和度常用作判断土壤肥力水平的重要指标。盐基饱和度大于80%的土壤，一般认为是很肥沃的土壤；盐基饱和度为50%~80%的土壤视为中等肥力水平；而盐基饱和度低于50%的土壤则是不肥沃的。

我国北方少雨，土壤盐基饱和度较大。例如，分布在黑龙江省北部的黑土和草甸土，是盐基饱和土壤，其盐基饱和度接近100%，土壤的pH值较高；而南方多雨，土壤盐基饱和度小，土壤的pH值也很低。一般来说，我国土壤可以北纬35°为界粗略地划分为2个区域,在北纬35°以南除少数石灰性冲积土及盐渍土外,皆为盐基不饱和土壤;在北纬35°以北除少数酸性的山地土壤(如棕色森林土、灰化土等)外,盐基饱和度较高,交换性阳离子以Ca^{2+}为主,可达80%以上,为盐基饱和土壤。有的土壤中交换性Na^+占有相当高的比例,当这种比例达到阳离子交换总量的15%~20%时,土壤则呈碱性或强碱性反应,这种土壤称为碱化土或碱土。

9.6 交换性阳离子有效度及影响因素

由于离子交换作用而保存在土壤中的离子态养分仍可以通过离子交换作用回到溶液中,被植物吸收,交换态阳离子虽被土壤吸附,仍不失其对植物的有效性。被吸收在土壤表面的离子一般通过以下2种方式被植物吸收:

(1)盐基先被土壤溶液中H^+交换到溶液中来,然后由植物吸收

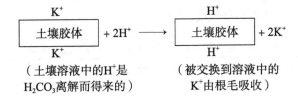

（土壤溶液中的H^+是　　　　（被交换到溶液中的
H_2CO_3离解而得来的）　　　　K^+由根毛吸收）

(2)植物的根毛直接和土壤胶体接触交换

因为根毛也带负电荷,在它表面吸附着的是H^+(根毛呼吸产生的CO_2溶在水里生成H_2CO_3,所以活的根毛是不缺乏H^+的)。这些H^+就和土壤胶体上的交换性盐基离子直接交换,使得盐基离子被交换到根毛上,通过细胞膜渗透到植物内部。植物吸收交换性养分离子的能力,首先与植物呼吸强度有关,其次与植物根的阳离子交换量有关,关于这方面问题的详细说明,将在植物营养学中讨论,此处不再赘述。

从土壤角度看,影响交换性阳离子有效度的因素主要有以下几个方面:

①交换性阳离子的饱和度　交换性阳离子的有效度不仅与该离子在土壤中的绝对量有关,更取决于该离子占交换性阳离子总量的比例(即离子饱和度)。因为该离子的饱和度越高,被交换解吸的机会越大,有效度就越大。由表9-4可知,虽然甲土壤的交换性钙含量低于乙土壤,但甲土壤中交换性钙的饱和度(75%)远高于乙土壤(33%)。因此,Ca^{2+}在甲土壤中的利用率要大于其在乙土壤中的利用率,如果我们把同一种植物以同样的方法栽培于甲、乙2种土壤中,显而易见,乙土壤比甲土壤更需要补充钙,所以乙土壤比甲土壤更需要石灰质肥料。

表9-4　土壤阳离子交换量与交换性离子饱和度

土　壤	阳离子交换量(cmol/kg)	交换性钙量(cmol/kg)	交换性钙的饱和度(%)
甲	8	6	75
乙	30	10	33

因此，如果想让有限的肥料在短期内发挥较大的效果，应该将肥料集中施用于根系附近（条施或穴施），而不宜分散撒施，因为集中施用可以增加土壤养分饱和度，使有限的肥料在短期内发挥较大的效果，从而提高肥料的利用率。例如，将同样数量的某种化肥同时施入砂质土和黏质土中，结果在砂质土中肥效快于黏质土，这是由于施肥后2种土壤的养分离子饱和度不同，交换性阴阳离子的有效度也各有不同。砂质土中各种交换性阳离子的饱和度相对较高，有效性也较高。

②互（陪）补离子效应 一般情况下，土壤胶体上同时吸附着各种阳离子。对某一指定离子来说，其他同时存在的离子都称为该离子的互补离子，也称陪补离子。假定某一土壤同时吸附的交换性阳离子有H^+、Ca^{2+}、Mg^{2+}、K^+ 4种，那么对H^+而言，Ca^{2+}、Mg^{2+}、K^+就是它的互补离子，而对Ca^{2+}而言，H^+、Mg^{2+}、K^+又为它的互补离子。并存于胶体表面的交换性阳离子间的互相影响就是离子的互补效应。当某种交换性阳离子与不同类型的互补离子存在时，由于互补效应，该离子的有效度也会不同。一般情况下，互补离子与土壤胶粒的吸附力越大，则被互补离子的有效度越高。表9-5的盆栽实验结果进一步说明了互补离子对离子有效度的影响。

表 9-5 互（陪）补离子对交换性钙有效性的影响

土 壤	交换性阳离子的组成	盆中幼苗干重（g）	盆中幼苗吸钙量（mg）
甲	40% Ca^{2+} + 60% H^+	2.80	11.15
乙	40% Ca^{2+} + 60% Mg^{2+}	2.79	7.83
丙	40% Ca^{2+} + 60% Na^+	2.34	4.36

从3种土壤的小麦盆栽实验看，甲土中幼苗吸钙量最多，说明甲土中Ca^{2+}的有效度最大。丙土中幼苗吸钙量最少，说明丙土中的Ca^{2+}有效度最低，乙土处于两者之间。造成3种土壤中钙有效性差异的主要原因是不同土壤中钙的互补离子效应的不同。3种互补离子H^+、Mg^{2+}和Na^+与胶体的吸附力是依次递减的，因此，它们对提高Ca^{2+}有效度的作用是依次减弱的。

③无机胶体的种类 不同类型的黏粒矿物，由于晶体构造特点不同，对各种阳离子的吸附力也不同，在一定的盐基饱和度范围内，蒙脱石类矿物吸附的阳离子比高岭石牢固得多，因为蒙脱石吸附的钙是在晶层之间，有效性较低；而高岭石类矿物吸附的阳离子通常位于晶层的表面，吸附力较弱，有效性较高（表9-6）。

表 9-6 黏粒矿物类型与交换性阳离子活度系数的关系

黏粒矿物类型	离子				
	Na^+	K^+	NH_4^+	H^+	Ca^{2+}
高岭石	0.34	0.38	0.25	0.008	0.080
蒙脱石	0.21	0.25	0.18	0.058	0.022
伊利石	0.10	0.15	0.21	0.036	0.040

表9-6中的资料表明,要使吸附在胶体上的阳离子发挥其营养作用,对于不同类型的黏土矿物,所要求的离子饱和度是不一样的。通常对高岭石类矿物的要求比蒙脱石类矿物的要低一些,如果是同样的饱和度,则高岭石类矿物的供肥力比蒙脱石类矿物的强。

④阳离子的晶格固定　2∶1型黏土矿物的晶层之间,具有6个硅氧四面体联成的六角形网穴,穴径约为0.140nm,其大小相当于K^+的直径(0.133nm)和NH_4^+的直径(0.143nm)。原来吸附在晶格表面的可被交换的K^+和NH_4^+,当晶格因脱水而缩小时,就挤压着这些交换性K^+和NH_4^+,使其陷入上述的网穴中,变成难以交换的离子,从而降低了其有效性,这个作用称为晶格固定。造成K^+和NH_4^+晶格固定的黏土矿物主要有伊利石、蒙脱石和蛭石等。K^+和NH_4^+的晶格固定虽然暂时造成其有效度降低,但从另一个角度看,固定可以避免这些阳离子的淋失,能起到暂时保存土壤养分的作用。

拓展阅读

常见园林种植土配方

在园林种植过程中,对土壤养分供应能力具有较高要求。如果所用土壤养分保蓄和供应能力不足,不仅直接影响到园林植物的生长,而且直接影响到园林植物的种植效果和园林的整体美观。因此,园林种植土必须具有园林植物生长所需要的水、肥、气、热条件。依据材料所具备的养分保蓄能力(胶体类型不同)及园林植物特性,通过人工配制出养分充足、腐殖质丰富、团粒结构良好,能保水、保肥及通气排水的园林种植土。

例如,以园土为基础,通过添加泥炭、蛭石和河沙等材料混合配制不同品种盆栽花卉培养土。其中,泥炭是主要的有机质来源,包含大量的有机胶体,具有养分固持和水分保蓄能力;蛭石是主要的无机胶体,能够在土壤中固存大量养分,并增加土壤的通气性和透水性,有利于植物根系的生长;加入河沙主要为了改善土壤排水性能。常见园林种植土配方见表9-7所列。

表9-7　常见园林种植土配方　　　　　　　　　　　　　　　　　　　　%

花卉类型和品种	园土	泥炭	蛭石	河沙	其他
一般花木	20	38	12	25	饼肥渣5
中性或偏酸性一般花卉	30	40	0	25	骨粉5
喜酸耐阴花卉	25	50	15		锯木屑10
凤梨科、多肉花卉、萝藦科、爵床科花卉	20	50	20	10	
天南星科、竹芋科、苦苣苔科、蕨类及胡椒科花卉	20	40	30	10	
附生型仙人掌类花卉(主要包括昙花、令箭荷花等)	30	30	0	30	骨粉10
陆生型仙人掌类花卉(主要包括仙人掌、仙人球、山影拳等)	30	20	0	40	石灰石砾10
喜阴湿植物(主要包括肾蕨、万年青、吉祥草、龟背竹、吊竹梅等)	35	15	35	15	
根系发达,生长较旺盛的花卉(主要包括吊钟花、菊花、虎尾兰等)	40	20	0	20	砻糠灰20

小 结

本章重点介绍土壤胶体概念、构造和表面性质、阳离子交换作用、阳离子交换量和盐基饱和度的概念；介绍了土壤胶体的表面能和带电性。本章要求了解土壤电荷的数量和影响因素，阳离子吸附与交换作用的特征，理解阳离子交换量的意义；要求掌握永久电荷和可变电荷，阳离子吸附和交换作用，阳离子交换量的影响因素。

思考题

1. 硅氧烷型表面和水合氧化物型表面有何区别？高岭石属什么表面类型？
2. 土壤电荷的主要来源有哪些？永久电荷和可变电荷有哪些区别？
3. 简述土壤胶体双电层的特点及影响双电层厚度的因素。
4. 我国南方红壤和北方棕壤的土壤表面电荷和表面电位各有什么特点？
5. 经测定，某土壤的交换性阳离子组成为：Al^{3+} 5.7cmol(+)/kg、Ca^{2+} 1.0cmol(+)/kg、Mg^{2+} 0.6cmol(+)/kg、H^+ 0.3cmol(+)/kg、K^+ 0.3cmol(+)/kg、Na^+ 0.1cmol(+)/kg，试计算土壤的盐基饱和度，并分析该土壤是碱性土壤、中性土壤还是酸性土壤。
6. 为什么酸性土壤施用石灰后能提高其保肥能力？
7. 分别以 Ca^{2+}、Mg^{2+}、H^+、NH_4^+ 等离子作为钾离子的陪补离子，其中哪种离子最不利于提高钾离子的有效性？
8. 为什么可变电荷土壤中磷的有效性一般较低？

推荐阅读书目

1. 普通土壤学（第2版）. 关连珠. 中国农业大学出版社，2015.
2. 土壤学（第四版）. 徐建明. 中国农业出版社，2019.

第10章 土壤酸碱性和缓冲性

土壤酸碱性是影响土壤养分有效性的重要因素之一，常用pH来表示。pH值不同，土壤的供肥能力、植物的生长状态也不同。了解土壤pH值与养分有效性的关系对于评判土壤的宜种性及改良土壤具有重要的实践意义。

10.1 土壤酸碱性

土壤酸碱性是指土壤溶液的反应，是在土壤形成过程中产生的重要属性。不同的成土条件及环境条件产生不同的土壤酸碱性，它对植物生长、微生物的活动、养分的存在状态及土壤理化性质等均有很大影响。

在自然土壤中，土壤的酸碱性是比较稳定的，但是在人为栽培管理条件下，受施肥、耕作、灌溉等因素影响，又是可变的土壤肥力因子。土壤溶液中含有酸性或碱性物质，是土壤显示酸碱性的重要原因。土壤胶体吸附H^+或Al^{3+}，土壤呈酸性，铝盐水解产生H^+；土壤胶体吸附Na^+、K^+、Ca^{2+}等，其形成的碳酸盐水解时产生OH^-，使土壤呈碱性。当土壤溶液中OH^-占优势时，土壤呈碱性；当H^+占优势时，土壤呈酸性；而当OH^-和H^+数量相等时，土壤呈中性。

10.1.1 土壤酸度

土壤酸可根据H^+存在的位置而加以划分，分为活性酸和潜性酸。

10.1.1.1 活性酸

活性酸是指土壤溶液中游离H^+，活性酸酸度大小由H^+浓度的负对数来决定，用pH表示。南方红壤土pH值低，活性酸度有时至pH 4.0。北方石灰性土壤pH值可达8.5。碱土（以Na_2CO_3为主）pH值可达9或更高。根据酸碱性的强弱，可将土壤酸碱度分为以下几个级别（表10-1）。

表 10-1 土壤酸碱度分级

pH	酸度级别	pH	碱度级别
<3.5	超强酸性	6.5~7.0	中性
3.5~4.5	极强酸性	7.0~7.5	弱碱性
4.5~5.5	强酸性	7.5~8.5	碱性
5.5~6.0	酸性	8.5~9.5	强碱性
6.0~6.5	弱酸性	>9.5	极强碱性

我国大多数土壤酸碱性范围在pH 4~9，总体呈现东南酸、西北碱的规律。酸碱性土的地区分布，大体以北纬33°为界。在33°向北，气候越干燥，雨水对盐基离子的淋失渐少，土壤由中性渐碱性。在33°以南，气温渐高，降雨增多，风化淋溶越强，盐基离子淋失多，土壤呈酸性或强酸性。南方的强酸性土到北方的碱性土壤，pH值相差可达7。吉林、华北地区的碱土的pH值最高的地方可达10.5，台湾和广东一些地方的土壤pH值可低至3.6~3.8。

10.1.1.2 潜性酸

潜性酸是指土壤胶体上吸附的致酸离子H^+和Al^{3+}，在它们还未被交换时，并不表现出酸性，而当被交换进入溶液后，交换态H^+和活性铝水解而产生H^+，才显酸性，所以把胶体上吸附的H^+、Al^{3+}等离子称为潜性酸。土壤胶体能够吸附的H^+和Al^{3+}等离子越多，潜性酸性度越大。

$$\text{土壤胶体}\ xH^+ \rightleftharpoons \text{土壤胶体}\ (x-y)H^+ + yH^+$$

$$\text{土壤胶体}\ Al^{3+} + 3M^+ \rightleftharpoons \text{土壤胶体}\ 3M^+ + Al^{3+}$$

注：M^+为阳离子。

$$Al^{3+} + H_2O \rightleftharpoons Al(OH)^{2+} + H^+$$

根据测定潜性酸度时选用浸提剂不同，可分别用代换性酸度和水解性酸度来表示。

（1）代换性酸度

用过量的中性盐溶液（如1mol/L KCl或NaCl等）浸提土壤，与土壤胶体发生代换作用，使代换性H^+和Al^{3+}被代换进入土壤溶液，其表现出的酸度，称为代换性酸度（用中和滴定法测定）。

$$\boxed{土壤胶体}\ H^+ + KCl \rightleftharpoons \boxed{土壤胶体}\ K^+ + HCl$$

$$\boxed{土壤胶体}\ Al^{3+} + 3KCl \rightleftharpoons \boxed{土壤胶体\ {}^{K^+}_{K^+}}\ K^+ + AlCl_3$$

$$AlCl_3 + 3H_2O \rightleftharpoons Al(OH)_3\downarrow + 3HCl$$

（2）水解性酸度

用弱酸强碱盐（碱性盐）类溶液（如1mol/L CH_3COONa）进行水解，被交换出的H^+和Al^{3+}所形成的酸度，称为水解性酸度。用乙酸钠浸提土壤时，产生的NaOH使环境碱性化，使得胶体吸附的H^+和Al^{3+}被交换出来形成乙酸。通过滴定滤液中乙酸的总量即水解性酸的量，交换滴定过程如下：

$$CH_3COONa + H_2O \rightleftharpoons CH_3COOH + NaOH$$

$$\boxed{土壤胶体}\ H^+ + NaOH + CH_3COOH \rightleftharpoons \boxed{土壤胶体}\ Na^+ + CH_3COOH + H_2O$$

$$\boxed{土壤胶体\ {}^{H^+}_{Al^{3+}}} + 4NaOH + 4CH_3COOH \rightleftharpoons \boxed{土壤胶体\ {}^{Na^+\ Na^+}_{Na^+\ Na^+}} + Al(OH)_3\downarrow + H_2O + 4CH_3COOH$$

此种作用比用中性盐能够从土壤中置换出更多的H^+和Al^{3+}。代换性酸度是水解性酸度的一部分。通常用水解性酸度表示土壤活性酸和潜性酸的总量，其数值可作为计算石灰施用量的依据。

10.1.2 土壤碱度

土壤碱性是由于土壤溶液中的OH^-浓度大于H^+浓度造成的。土壤中的OH^-主要来自土壤中的弱酸强碱盐的水解。钾、钠、钙、镁等的碳酸盐或重碳酸盐水解，均可产生大量OH^-。除用pH表示外，常用总碱度和碱化度来表示。

（1）总碱度

总碱度是指碳酸盐碱度和重碳酸盐碱度的总和。可采用中和滴定法测定。总碱度是土壤碱度的容量指标，常用百克土壤中该物质的量来表示。

（2）碱化度

土壤胶体上吸附的交换性Na⁺的饱和度称为土壤碱化度。

$$碱化度（\%）= \frac{交换性钠（cmol/kg）}{阳离子交换量（cmol/kg）} \times 100\% \quad (10\text{-}1)$$

碱化度是衡量土壤碱性反应强弱及碱化程度的重要指标。钠饱和度>15%为碱土；5%~10%为弱度碱化土；在二者之间分别为中、强度碱化土。钠饱和度<15%时，土壤pH值一般不会超过8.5。石灰性土壤，因$CaCO_3$溶解度很小，pH值多为7.5~8.5。

10.1.3　土壤酸碱性对园林土壤肥力的影响

（1）对土壤养分有效性的影响

土壤酸碱性对土壤中的N、P、K、S、Ca、Mg、Fe、Mn、Co、Cu、Zn、B等营养元素的有效性有显著影响。图10-1中所示各种营养元素的条带宽度表明该元素在不同pH值时对植物的相对有效性。pH值在6.5~7.5时，除Fe、Mn、Cu、Zn、Co外，各种养分均有较高的有效性；土壤pH值在6~8时，有效氮最多；当pH<6.5时，随着pH值降低，P有效性降低；当pH>7.5时，P的有效性也降低；K在土壤中性或碱性范围有效性较高。此外，土壤酸碱性还会影响土壤中某些化学反应，如引起养分分解或沉淀，最终影响植物营养的有效化或无效化过程。例如，土壤有机态养分需要经过微生物的矿化后才能成为有效态养分，供植物吸收利用。而分解有机物的微生物，多数集中在近中性的土壤环境中活动，所以许多养分在土壤接近中性时有效性最大。特别是N和S营养元素，N和S的矿化作用在pH 6~8时最强。

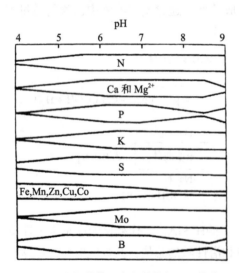

图10-1　植物营养元素有效性与pH的关系

（2）对重金属活性的影响

土壤溶液中的大多数金属元素在酸性条件下以游离态或水化离子态存在，毒性较大，而在中性和碱性条件下易生成难溶性氢氧化物沉淀，毒性大为降低。例如，在酸性环境中，土壤中镉、汞等的溶解度增大，从而加速镉、汞在土壤中的迁移和转化；相反，在偏碱性环境中，由于镉、汞的溶解度减小，土壤中的镉不容易发生迁移而在原地累积。

（3）对微生物的影响

土壤微生物是驱动养分循环的主要动力，土壤酸碱性直接影响土壤微生物区系的分布及其活性。其中，土壤酸碱性与土壤中矿物质及有机质的分解，N、S、P等营养元素及其化合物的转化，关系尤为密切。土壤细菌和放线菌，如硝化细菌、固氮菌和纤维分解菌等，均适宜中性和微碱性环境，而在pH＜5.5的强酸性土壤中活性逐渐降低；真菌可在所有pH值范围内活动，因而在强酸性土壤中占优势。由于真菌的活动，在强酸性土壤中仍可发生有机质的矿化，使植物得到一些铵态氮。在中性和微碱性条件下，真菌会遇到细菌和放线菌的竞争。此时，固氮菌活性强，有机质矿化也较快，土壤有效氮的供应较好。一般来说，氨化作用适宜的pH值为6.5~7.5，硝化作用适宜的pH值为6.5~8.0，固氮作用适宜的pH值为6.5~7.8。

（4）对土壤结构的影响

在酸性土壤中，如黏质红壤，胶体多吸附Al^{3+}和H^+，而Ca^{2+}易被代换出来而遭到淋失。在有机质含量不高的土壤中，团粒结构不易形成，造成酸性土壤易黏重板结，通透性差。在碱性土中，交换性钠多，土粒分散，难以形成较好的土壤结构，或泥泞或僵硬，透水通气性差。土壤为中性时，Ca^{2+}和Mg^{2+}得以保留，易形成较好的土壤结构，利于通气透水。

10.1.4 土壤酸碱性对植物生长的影响

各种植物对土壤酸碱性的要求是不同的，有些植物能适应较宽的pH值范围，有些植物却对土壤pH值非常敏感，这是各种植物经过长期自然选择的结果。如橡胶树喜欢酸性土壤，在pH值为3.5~7.5可正常生长；茶树在pH值为4.5~6.5可正常生长，在中性和石灰性土壤上生长不良甚至死亡；甜菜和紫苜蓿喜钙，只能生长在中性至微碱性土壤中。适宜在钙质土上生长的树种，南方有柏树，北方有扁柏、刺柏、椴树、山榆等。盐渍土对一般植物生长是不利的，但柽柳、沙枣、枸杞、箭杆杨等可以在盐渍土上生长。绣球花在酸性条件下花色为蓝色，而在碱性条件下花色为红色，这是由于Al^{3+}在酸性环境下是可溶的，能被根部细胞吸收并转运到萼片中，与花色苷形成蓝色络合物；而在中性或弱碱性环境下，Al^{3+}转化为氢氧化物或其他难溶性沉淀，萼片呈现花色苷本身的红色。要达到园林的最佳配置，适地适树，因地制宜尤其重要。一些街道或公园的古树名木长势弱，常与土壤pH值有关。北京市许多公园对石灰性土壤施用酸性肥料和有机肥料，收到较好的效果。苗圃中的树木立枯病，可通过保持土壤酸性加以控制。主要栽培植物生长适宜pH值范围见表10-2所列。

表10-2 主要栽培植物生长适宜 pH 值范围

名　称	pH值	名　称	pH值	名　称	pH值
橡　胶	3.5~7.5	天竺葵	5.0~7.0	文　竹	6.0~7.5
茶　花	4.0~4.5	刺　槐	5.0~8.0	一品红	6.0~7.0
兜　兰	4.0~5.0	栎	5.0~8.0	梨	6.0~8.0
杜鹃花	4.0~5.0	无患子	5.0~8.0	黄花落叶松	6.0~8.0
彩叶草	4.5~5.0	南酸枣	5.0~8.0	核　桃	6.0~8.0

（续）

名　称	pH值	名　称	pH值	名　称	pH值
兰科植物	4.5~5.0	杜　仲	5.0~8.0	榆	6.0~8.0
凤尾草	4.5~5.5	瑞　香	5.5~6.0	油　桐	6.0~8.0
鹅掌楸	4.5~6.5	锥　栗	5.5~6.0	泡　桐	6.0~8.0
杉　木	4.5~6.5	檵　木	5.5~6.0	柽　柳	6.0~8.0
马尾松	4.5~6.5	蓝　桉	5.5~6.0	桑	6.0~8.0
秋海棠	5.0~6.0	榕　树	5.5~6.0	向日葵	6.0~8.0
棕榈科植物	5.0~6.0	倒挂金钟	5.5~6.0	刺　槐	6.0~8.0
鱼尾葵	5.0~6.0	朱顶红	5.5~6.5	桃	6.0~8.0
檫　木	5.0~6.0	银　桦	5.5~6.5	苹　果	6.0~8.0
栀　子	5.0~6.0	玉海棠	5.5~7.0	杏	6.0~8.0
香叶树	5.0~6.0	茉　莉	5.5~7.0	白　杨	6.0~8.0
油　茶	5.0~6.0	三角枫	5.5~7.5	玫　瑰	6.0~8.0
白　桦	5.0~6.0	杨　梅	5.5~7.5	菊　花	6.5~7.5
桦	5.0~6.0	柏　树	5.5~8.0	石　竹	6.5~8.0
玉　兰	5.0~6.0	香　樟	5.5~8.0	仙人掌类	7.0~8.0
山　茶	5.0~6.5	月　季	6.0~6.5	白皮松	7.5~8.0
柑　橘	5.0~7.0	紫丁香	6.0~7.5		

10.1.5　土壤酸碱性调节

无论是苗木还是其他林地、园林绿地，土壤过酸、过碱对植物生长都是非常不利的，因此，采取适当的调节改良措施是十分必要的，常见的方法有通过施肥来改良酸性或碱性土壤。

（1）酸性土改良

酸性土通常用石灰来改良。农村烧柴后的草木灰中和酸性土效果也很好。施用石灰中和土壤酸性的化学反应式如下：

$$\boxed{土壤胶体}\ 2H^+ + Ca(OH)_2 \rightleftharpoons \boxed{土壤胶体}\ Ca^{2+} + 2H_2O$$

如果胶粒吸附的是Al^{3+}，则化学反应式为：

$$\boxed{土壤胶体}\ 2Al^{3+} + 3Ca(OH)_2 \rightleftharpoons \boxed{土壤胶体}\ 3Ca^{2+} + 2Al(OH)_3\downarrow$$

石灰与土壤溶液中的碳酸反应的化学反应式为：
$$Ca(OH)_2 + 2H_2CO_3 \longrightarrow Ca(HCO_3)_2 + 2H_2O$$
当石灰中含有碳酸钙，则化学反应式为：
$$CaCO_3 + H_2CO_3 \longrightarrow Ca(HCO_3)_2$$
而$Ca(HCO_3)_2$中的Ca^{2+}也可取代胶体上的H^+而中和潜性酸。随着中和取代反应的进行，胶体的致酸离子减少，盐基饱和度不断增高，土壤溶液的pH值也相应提高。施用石灰后还增加了土壤中的钙，相应改善了土壤的结构，也减少了磷被铝、铁的固定。但是施用石灰对改变酸性土壤酸性往往比较慢，这与离子特性有关。

（2）碱性土改良

我国盐碱土分布极为广泛，类型也多种多样，主要包括东部滨海盐碱地、黄淮海平原盐渍土、东北松嫩平原盐碱地、半荒漠内陆盐土、青海新疆极端干旱的漠境盐土等。在改良盐碱地时，应根据气候、土壤、盐碱地分布区的土壤等条件与各种措施结合起来，实现盐碱地的整体改良，促进土壤水盐动态的良性循环。所有措施都需要灌溉和排水措施的配合，以实现改善盐碱地的目标。

对碱性土的中和改良，常使用石膏（$CaSO_4$）、硫黄（S）、硫酸铁[$Fe_2(SO_4)_3$]或明矾[$KAl(SO_4)_2 \cdot 12H_2O$]来进行。石膏改良作用的化学反应式如下：

$$\boxed{土壤胶体}\ 2Na^+ + CaSO_4 \rightleftharpoons \boxed{土壤胶体}\ Ca^{2+} + Na_2SO_4$$

$$Na_2CO_3 + CaSO_4 \rightleftharpoons CaCO_3 + Na_2CO_3\ （可淋洗排除）$$

施用硫黄、硫酸铁或明矾是因为它们在土壤中氧化或水解产生酸性，能起到中和改良的作用。施用石膏是通过离子代换作用把土壤中的钠离子代换出来，因此，需结合灌水淋洗进行。

江苏徐州地区的瓦碱土施用石膏和磷石膏后，改良效果良好，土壤pH值、交换性Na^+和碱化度都有所下降，增产效果显著，特别是在夏季高温多雨时施用，有利于Na_2SO_4的淋洗和离子交换的加速，改良效果最好，有利于植物生长（王瑞新 等，1983）。

无论是酸土还是碱土的改良，配合施用有机肥都是十分必要的，在改良土壤的同时又培肥了土壤。特别是在土壤酸性强度和碱性强度不大时，施用有机肥即可降低其强度。

10.2 土壤缓冲性

10.2.1 土壤缓冲性及其成因

如果将少量的酸碱物质加入水溶液中，溶液的pH值会发生明显变化。但当少量的酸性或碱性物质加入土壤后，土壤pH值变化就非常缓慢。当土壤加入酸、碱性物质后，土壤本身具有缓和酸碱反应变化的能力，这种能力称为土壤缓冲性。土壤缓冲能力的大小，一般用缓冲容量来表示，即使土壤溶液pH值改变一个单位所需要的酸或碱的厘摩尔数。这种性能可以使土壤酸碱度经常保持在一定的范围内，避免因施肥、植物根的呼吸、微生物活动和有机质分解等引起酸碱性的剧烈变化，以及对植物生长发育和土壤微生物生活产生的不良影响。

土壤缓冲性的产生，是由于土壤含有起缓冲作用的物质，主要是土壤胶体所吸附的交换性阳离子，以及胡敏酸、低分子有机酸、硅酸、碳酸、磷酸等弱酸及其盐类。

（1）土壤胶体所吸附的交换性阳离子

土壤胶体吸附有 H^+、K^+、Ca^{2+}、Mg^{2+}、Al^{3+} 等多种阳离子。由于这些阳离子有交换性能，胶体上吸附的盐基离子能对加进土壤的 H^+（酸性物质）起缓冲作用，而胶体上吸附的 H^+ 及 Al^{3+} 则能对 OH^-（碱性物质）起缓冲作用。例如，当施入过磷酸钙等肥料时，带进了游离的硫酸，增加到土壤溶液中的 H^+ 就会把胶体上的盐基离子交换到溶液中，生成中性盐。当施肥（如施入人粪尿）带进碱性物质时，Na^+ 等又可把胶体吸附的 H^+ 交换出来，和溶液中的 OH^- 结合成水。其反应式如下：

$$\text{土壤胶粒}\genfrac{}{}{0pt}{}{Ca^{2+}}{\genfrac{}{}{0pt}{}{Mg^{2+}}{H^+}} + H_2SO_4 \rightleftharpoons \text{土壤胶体}\genfrac{}{}{0pt}{}{3H^+}{Mg^{2+}} + CaSO_4$$

$$\text{土壤胶粒}\genfrac{}{}{0pt}{}{H^+}{\genfrac{}{}{0pt}{}{Ca^{2+}}{H^+}} + NaOH \rightleftharpoons \text{土壤胶体}\genfrac{}{}{0pt}{}{Na^+}{\genfrac{}{}{0pt}{}{Ca^{2+}}{H^+}} + H_2O$$

（2）弱酸及其盐类

土壤中的碳酸、硅酸、胡敏酸等离解度很小的弱酸及其盐类，构成缓冲系统，也可缓冲酸和碱的变化。例如：

$$CH_3COOH + NaOH \longrightarrow CH_3COONa + H_2O$$

$$CH_3COONa + HCl \longrightarrow CH_3COOH + NaCl$$

（3）土壤中的两性物质

土壤中存有两性有机物和两性无机物，如蛋白质、氨基酸、胡敏酸、无机磷酸等。以氨基酸为例，其氨基可以中和酸，羧基可以中和碱，因而对酸碱都有缓冲能力。其反应式分别如下：

① 两性有机物质的缓冲作用

$$\underset{NH_2}{R-CH-COOH} + HCl \longrightarrow \underset{NH_3Cl}{R-CH-COOH}$$

$$\underset{NH_2}{R-CH-COOH} + NaOH \longrightarrow \underset{NH_2}{R-CH-COONa} + H_2O$$

② 两性无机物质的缓冲作用

$$HPO_4^{2-} + HCl \longrightarrow H_2PO_4^- + Cl^-$$

$$H_2PO_4^- + NaOH \longrightarrow HPO_4^{2-} + Na^+ + H_2O$$

同时，在酸性土壤中，铝离子也能对碱起缓冲作用，其反应式如下：

$$2Al(H_2O)_6^{3+} + 2OH^- \rightleftharpoons [Al_2(OH)_2(H_2O)_8]^{4+} + 4H_2O$$

当土壤溶液中OH^-继续增加时，Al^{3+}周围的水分子将继续解离H^+以中和之，当土壤pH > 5时，上述Al^{3+}就会相互结合而产生$Al(OH)_3$沉淀，并失去其缓冲能力。

一般而言，土壤阳离子交换量越大，土壤的缓冲能力越大；在交换量相等条件下，盐基饱和度越高，对酸缓冲力越大；盐基饱和度越低，则对碱的缓冲力越大，所以影响土壤缓冲性强弱的因素首先是土壤胶体的数量和种类。一般土壤缓冲性大小的顺序是：腐殖质胶体 > 次生黏土矿物胶体 > 含水氧化物胶体。增加土壤有机质和黏粒含量，就可以增大土壤缓冲性。

10.2.2 土壤缓冲性的意义

土壤缓冲性是土壤重要的化学性质之一。如果土壤缓冲性很弱，则pH值很容易发生变化，对植物生长和土壤生物尤其是微生物的活动不利；相反，如果土壤缓冲性强，则pH稳定，能避免因施肥、根的呼吸、微生物活动、有机质分解和湿度的变化而导致pH值强烈变化，为高等植物和微生物提供了一个有利的环境条件。

一般土壤阳离子交换量越大，土壤的缓冲能力越强。例如，基质、蛭石、泥炭等阳离子交换量越大，土壤缓冲能力越强，改变单位pH值所需要的改良物质越多。此外，土壤不仅具有抵抗酸、碱性物质和减缓pH值变化的能力，还具有对营养元素、污染物质、氧化还原等的缓冲性，具有缓冲外界环境变化的能力。

但是必须指出，缓冲性只能避免土壤pH值在短时间内的剧烈变化，而不能完全制止这种变化。因为每种土壤的缓冲能力都有一定的限度，而时间是无限的，酸和碱在土壤中长期积累，其数量一旦超过土壤的缓冲能力，土壤的pH值就会发生明显变化。

拓展阅读

绣球花变色的奥秘

绣球是一种神奇有趣的植物，广泛应用于盆栽观赏、庭园美化和城市园林造景中。其花型饱满、花色丰富并且可变，常有"酸蓝碱红"的说法。导致绣球花色变色的主要原因是什么呢？研究表明，绣球花色变化的原因主要是土壤（或基质）的酸碱度及铝元素的含量与状态。由于绣球花萼片中含有的花色苷——飞燕草素-3-葡萄糖苷，这种花色苷在不同铝元素的含量及其存在状态下，会呈现不同颜色。其原理为：

①当其生长环境为酸性土壤并且含有铝时，铝以游离态Al^{3+}的形式存在，游离的Al^{3+}可被植株根系吸收并转运到萼片中，与萼片中的花色苷——飞燕草色素-3-葡萄糖苷络合形成蓝色络合物，花序呈现蓝色；②当其生长环境为中、碱性土壤时，土壤中的铝形成难溶化合物$Al(OH)_3$，难以被植株吸收利用，不能与花色苷——飞燕草色素-3-葡萄糖苷发生络合反应，花序呈现花色苷本身的红色。

在园林造景中，可以利用绣球花变色的原理人为调控土壤酸碱性，通过向土壤中添加石灰、石膏、明矾等物质为绣球花的生长提供不同的酸碱环境，使其花序呈现不同颜色，满足人们不同的观赏需求。

在生产中，可以利用这一原理，通过向土壤中添加硫酸铝或石灰等物质，人为地调控土壤酸碱性和铝含量，从而改变绣球的花色，满足消费者的个性化需求，以获得较好的经济效益。

小　结

土壤酸碱性和缓冲性是土壤重要性质，对土壤肥力、植物生长等具有深刻影响。本章主要阐述了土壤酸碱性产生的原因、土壤酸的类型、土壤活性酸与潜性酸的概念及相互关系、代换性酸与水解性酸度的测定方法及意义、土壤酸碱性对土壤肥力和园林植物生长的影响、酸碱性土壤的改良措施，以及土壤缓冲性产生的机理及意义。

思考题

1. 简述土壤酸性产生的原因。
2. 简述土壤酸的类型及其相互关系。
3. 简述土壤酸碱性对土壤肥力和植物生长的影响。
4. 试述如何改良土壤酸碱性。
5. 试述土壤缓冲性产生的原因。

推荐阅读书目

1. 土壤学（第四版）. 徐建明. 中国农业出版社，2019.
2. 土壤学（第2版）. 孙向阳. 中国林业出版社，2021.
3. 园林树木学（第2版）. 陈有民. 中国林业出版社，2011.

第11章 土壤养分与肥料

植物营养的研究证明,生物体中含有的90余种元素,其中已被肯定为植物生长发育的必需元素的有碳、氢、氧、氮、磷、钾、钙、镁、硫、硼、铁、锰、铜、锌、钼、氯、镍17种,除碳、氢、氧主要来自大气和水外,其余元素主要来自土壤。土壤中的元素直接或经转化后被植物根系吸收、植物残体归还土壤、土壤微生物分解植物残体,释放营养元素,最后这些营养元素再次经过植物被吸收。因此,土壤养分提供植物生长所必需的营养元素。植物体内的元素可分为必需营养元素和非必需营养元素。另外,根据元素在植物体内含量的多少,分别将含量占干物质量0.5%以上的称为大量元素,包括碳(C)、氢(H)、氧(O)、氮(N)、磷(P)、钾(K);将含量占干物质量0.1%~0.5%的称为中量元素,包括钙(Ca)、镁(Mg)、硫(S);将含量占干物质量0.1%以下的称为微量元素,包括铁(Fe)、硼(B)、锰(Mn)、铜(Cu)、锌(Zn)、钼(Mo)、氯(Cl)、镍(Ni)。

11.1 氮素营养与氮肥

11.1.1 植物氮素营养

高等植物组织中平均含有氮素2%~4%。氮是植物体内许多重要物质的组成成分,是一切有机体不可缺少的元素,被称为生命元素。

(1) 氮是蛋白质的重要组分

蛋白质是构成原生质的基础物质，蛋白态氮通常可占植株全氮的80%~85%，蛋白质中平均含氮16%~18%。

(2) 氮是核酸和核蛋白的成分

核酸是植物生长发育和生命活动的基础物质，核酸中含氮15%~16%，核酸在细胞内通常与蛋白质结合，以核蛋白的形式存在。核酸态氮约占植株全氮的10%。

(3) 氮是叶绿素的组分元素

绿色植物有赖于叶绿素进行光合作用，而叶绿素a和叶绿素b中都含有氮素。据测定，叶绿体占叶片干重的20%~30%，而叶绿体中含蛋白质45%~60%。叶绿体是植物进行光合作用的场所。当植物缺氮时，体内叶绿素含量下降，叶片黄化，光合作用强度减弱，光合产物减少，从而植物产量明显降低。

(4) 氮是许多酶的组分

酶本身就是蛋白质，是体内生化作用和代谢过程中的生物催化剂。植物体内许多生物化学反应的方向和速度都是由酶系统控制的。氮素常通过酶间接影响着植物的生长发育。所以，氮素供应状况关系到植物体内各种物质及能量的转化过程。

(5) 氮是维生素、生物碱和植物激素的组分

氮素还是一些维生素（如维生素B_1、维生素B_2、维生素B_6、维生素PP等）、生物碱（如烟碱、茶碱、胆碱等）和植物激素（如细胞分裂素、赤霉素等）的组分。这些含氮化合物在植物体内含量虽不多，但对于调节某些生理过程却很重要。

由此可见，氮在植物生命活动中占有重要地位，但并非所有形态的氮素都能被植物直接吸收利用。植物根系从土壤中可吸收利用的主要氮素形态是无机态氮中硝态氮（NO_3^--N）和铵态氮（NH_4^+-N），此外还可以吸收一些有机氮，如氨基酸、酰胺、维生素、降解的核酸等。植物吸收的硝态氮在其根部和叶部经还原反应变成NH_4^+后，才能与有机酸结合形成各种生物性含氮化合物，参与植物体内氮代谢。低浓度的亚硝酸态氮（NO_2^--N）也可以被植物吸收，但浓度较高时会对植物有害，不过一般土壤亚硝态氮含量极少，对植物营养意义不大。某些可溶性有机氮化合物，如氨基酸、酰胺等也能直接被吸收利用，但它们在土壤中含量有限，其营养意义不及铵态氮和硝态氮那么重要。另外，豆科植物与一般植物不同，其根部有共生固氮菌，所以它们可以利用空气中的分子态氮（N_2）。

植物缺氮的主要表现是生长受阻，植株矮小，叶色变淡。氮在植物体内是容易转移的营养元素，因而缺氮症状首先出现在下部较老的叶片上，逐渐向上发展。开花以后，氮向花、果转移时，叶片枯黄现象特别明显，容易出现早衰现象。例如，菊花缺氮，叶片小，呈灰绿色；靠近叶柄的地方颜色较深，叶尖及叶缘处则呈淡绿色，叶缘及叶脉间黄化，老叶则呈锈黄色到锈黄绿色，枯萎后附着不落，植株的发育受到抑制。三色堇缺氮，从老叶开始变黄，接着枯萎，生长发育差。香石竹缺氮，下部叶色开始变成浅绿，

接着变黄；逐渐向上部叶发展，生长差。一品红缺氮症表现为叶片小，上部叶更小，从下部叶到上部叶逐渐变黄，开始时叶脉间黄化，叶脉凸出可见，最后叶片变黄，上部叶变小，不黄化。

然而，氮供应过多也会使植物营养生长期延长，花期延迟，植株的抗倒伏与抗病能力下降。具体表现如下：

①使植物贪青晚熟　如果植物整个生长季中供应过多的氮素，则常常使植物贪青晚熟。在某些生长期短的地区，植物常因氮素过多造成生长期延长，从而遭受早霜的严重危害。

②使植物易受机械损伤和病害侵袭　大量供应氮素常使细胞增长过大，细胞壁薄，细胞多汁，植株柔软，易受机械损伤和病害侵袭。

③影响植物的产品品质　过多的氮素供应还要消耗大量碳水化合物，这些都会影响植物的产品品质。对叶菜类蔬菜来说，通常希望其组织柔软、新鲜脆嫩，施用适量氮肥能达到这一目的。但对于大白菜和某些水果来说，过量施氮则会降低其贮存和运输的品质。

④诱发各种真菌类的病害　过量氮素供应能诱发各种真菌类的病害，这种危害在磷、钾肥用量低时则更为严重。

⑤植物容易倒伏而导致减产　氮素供应过多还会使谷类植物叶片肥大，相互遮阴，碳水化合物消耗过多，茎秆柔弱，容易倒伏而导致减产。棉花常因氮素过多而生长不正常，表现为株型高大，徒长，蕾铃稀少而易脱落，霜后花比例增加。甜菜块根的产糖率也会因含氮量过高而下降。

11.1.2　土壤中的氮素

土壤氮素状况是土壤肥力的重要指标之一。了解土壤氮素含量、形态及其转化规律，是保持与提高土壤肥力、合理施用氮肥的重要依据。

11.1.2.1　土壤氮的形态

氮素在土壤中存在多种不同的化学形态，每种形态都有其独特的属性、行为和生态环境效应。土壤氮按化学形态可分为无机氮和有机氮。表土中95%以上的氮为有机氮。

（1）无机氮

土壤无机氮包括硝态氮（NO_3^--N）、铵态氮（NH_4^+-N）、亚硝态氮（NO_2^--N）、分子态氮（N_2）、氧化亚氮（N_2O）和一氧化氮（NO）。土壤中气态氮除氮气（N_2）外，氧化亚氮和一氧化氮含量都很低。土壤中无机氮占全氮的比例变化幅度比较大，一般在2%~8%。分子态氮表现为惰性，只能被根瘤菌和其他固氮微生物所利用。就土壤肥力而言，主要以NO_3^-和NH_4^+这2种形态的氮最为重要，占土壤全氮的2%~5%。

（2）有机氮

土壤有机氮一般占土壤全氮的95%~98%。土壤有机氮包括胡敏酸、富里酸和胡敏素中的氮，以及固定态氨基酸（即蛋白质）、游离态氨基酸、氨基糖、生物碱、磷脂、胺、维生素和其他未确定的复合体（如胺和木质素反应的产物、醌和氮化合物的聚合物、糖和胺的缩合产物等）。目前对于土壤有机氮的了解仍十分有限，还没有一种方法可以在不破坏土壤有机氮组分的前提下而把不同化学形态的氮分离出来，因而常采用酸水解的方法将有机氮分为水解性氮和非水解性氮，其中，水解性氮包括铵态氮、氨基糖氮、氨基酸氮和未知态氮。

土壤无机氮和有机氮结合起来构成了土壤全氮，它是衡量土壤氮素供应状况的重要指标。现在常通过测定土壤水解性氮含量来确定土壤中近期可被植物利用的有效性氮。水解性氮一般占全氮量的1%左右，其数量与土壤有机质含量有关，能较好地反映出近期内土壤氮素的供应状况。

11.1.2.2 土壤氮的转化

土壤中存在的有机态氮、铵态氮、硝态氮等，在物理、化学和生物因素的作用下，可以相互转化，这种转化主要表现为以下几个方面：

（1）有机态氮的矿化

有机态氮的矿化是指含氮的有机化合物在微生物酶系作用下分解成无机态氮NH_3或NH_4^+的过程。例如，蛋白质的矿化过程如下：

$$\text{蛋白质} \xrightarrow{\text{蛋白酶}} \text{多肽} \xrightarrow{\text{肽酶}} \text{氨基酸、酰胺、胺等} \longrightarrow RCHOHCOOH+NH_3$$

据目前国内外研究资料显示，大多数土壤每年有1%~3%的有机氮被矿化（徐建明，2019）。

（2）硝化作用

在通气良好的条件下，氨（铵）在土壤中经微生物的作用，最后可生成硝态氮。这个由铵转化成硝态氮的过程称为硝化作用。参与硝化作用的细菌有亚硝化细菌和硝化细菌。整个过程分两步进行。第一步在亚硝化细菌的作用下，将铵转化成亚硝态氮（称亚硝化作用）。

$$2NH_4^+ + 3O_2 \xrightarrow[6e^-]{\text{亚硝化细菌}} 2NO_2^- + 2H_2O + 4H^+ + 661kJ$$

第二步由亚硝态氮转化成硝态氮，反应在硝化细菌作用下进行。

$$2NO_2^- + O_2 \xrightarrow[2e^-]{\text{硝化细菌}} 2NO_3^- + 167kJ$$

在整个消化过程中，亚硝化作用和硝化作用相互衔接，通常情况下，亚硝化作用过程较缓慢，而硝化作用速度快。因此，一般土壤中很少有亚硝态氮的积累。

（3）土壤无机氮的损失

①氨的挥发损失　氨的挥发是指氨从土壤表层释放到大气的过程。土壤中的NH_4^+在土壤溶液中存在着与NH_3之间的动态平衡：

$$NH_4^+ + OH^- \longleftrightarrow NH_3 + H_2O$$

上述平衡点受pH值和NH_4^+浓度的影响。据门格尔研究表明，当pH<6时，几乎所有

的氨被质子化，以NH_4^+形态存在，氨挥发损失少。增加土壤溶液中NH_4^+浓度及较高的土壤pH值都会使平衡系统中NH_3的分压增大，从而增加NH_3的挥发损失。

我国北方大部分土壤含有较多的碳酸钙，pH值高，土壤氮素的挥发损失是个突出问题。实验表明，在石灰性土壤上，将硫酸铵撒于表土，在6~9天内氨的挥发损失量可达7.5%~12.9%。土壤碱性越强，质地越粗，阳离子交换量低，以及风大、气温高，氨的挥发损失也越严重。

②反硝化作用　是指土壤中硝态氮还原产生气态氮化物N_2O或N_2的反应。土壤中的反硝化作用主要是由反硝化细菌引起的。反硝化细菌属兼气性，在好气和嫌气条件下都能生活。在好气条件下，反硝化细菌进行有氧呼吸，反硝化作用微弱。然而在缺氧嫌气条件下，则利用NO_3^-中的氧进行呼吸作用，使NO_3^-成为在无氧呼吸中的最终电子受体，结果使NO_3^-还原为气态N_2O和N_2形态而挥发。

反应过程中释放的氧用于微生物呼吸，反应中有H^+被消耗掉，说明反硝化作用能提高土壤pH。

不同土壤条件下生物反硝化作用速率不同。在土壤水分过多时的嫌气条件下，反硝化作用强烈。水田反硝化氮素的损失可达氮肥用量的30%~50%。在旱地土壤中虽然通气条件较好，也会出现因局部嫌气情况而产生的反硝化作用。

土温在25~30℃时，反硝化作用进行顺利；土温低于5℃时一般不发生反硝化作用。

最适宜反硝化作用的pH值为7~8。多数研究认为，土壤pH<6，反硝化作用受到强烈抑制，因此，在酸性土壤中反硝化作用弱（徐建明，2019）。

③硝酸盐的淋失　硝酸根离子带负电荷，不能被同为负电荷的土壤胶体吸附保存，故易随水流失。根据近年来世界性调查结果，在各种农业生态系统中，氮素淋失量大多为施肥量的10%~40%。

我国南方降雨量多，水田多，硝态氮淋失严重，因而很少施用硝态氮肥。北方雨量不多，硝态氮的淋失较少，但应注意合理灌溉，特别是对一些氮肥用量较大的轻质砂性土壤，要防止大水漫灌，以减少硝态氮的淋失。

另外，也可以通过一些途径固定无机态氮，但这是暂时的，在一定条件下，将它们释放出来后，又可被植物利用。

11.1.3　氮肥

几种常见氮肥的性质和施用方法如下：

（1）铵态氮肥

最常用的铵态氮肥为硫酸铵[$(NH_4)_2SO_4$]，含氮20%~21%，它易溶于水，是速效氮肥。将硫酸铵施入土中后，大部分铵离子就吸附在土壤胶体上，可免于淋失；也有一部分因硝化作用转化为NO_3^-。存在于土壤溶液中，可被植物吸收或随水流失。植物吸收的NH_4^+比SO_4^{2-}更多，导致SO_4^{2-}残留于土壤中，使土壤趋向酸性，所以又将铵态氮肥称为生理酸性肥料。

硫酸铵可作基肥、追肥，但在湿润地区最好作追肥。一般而言，需要硫元素较多的植物，如大叶黄杨、小叶黄杨、银白杨、榆树、垂柳、白蜡、五角枫、枇杷和臭椿等落叶阔叶型乔木，硫酸铵可作为其氮肥来源。需要注意的是，长期施用硫酸铵会引起土壤板结，所以最好将其与有机肥料配合施用。

氯化铵（NH_4Cl）含氮24%~25%，其性状与硫酸铵相似，它施入土壤中以后，短期内不易发生硝化作用，所以氮的损失率比硫酸铵低。但氯化铵对种子发芽和幼苗生长有不利影响，不宜作种肥。盐土施用氯化铵会加重盐害，不宜施用。但是对于耐氯能力较强的园林植物，如柽柳、银桦、悬铃木、构树、君迁子等，则适合施用氯化铵。

碳酸氢铵（NH_4HCO_3）含氮16.8%~17.5%，易溶于水，是一种碱性肥料，也是速效氮肥，干燥的碳酸氢铵在20℃以下比较稳定，当温度升高或湿度增加时，会分解释放出氨气，使氮素损失。放出的氨气也会伤及茎叶和种子，所以碳酸氢铵一般不能用作种肥，作基肥和追肥时都要深施盖土。贮存碳酸氢铵的地方要阴凉、干燥。氨水的性质近似于碳酸氢铵，可稀释或拌和在干土中施用，也以沟施盖土为好。

（2）硝态氮肥

硝态氮肥都溶于水，易吸湿，有助燃性和爆炸性。硝酸钠（$NaNO_3$）含氮15%~16%，是一种单一的硝态氮肥，施入土中后NO_3^-很少被土壤胶体吸附，而是存在于土壤溶液中，所以肥效高，但也容易淋失。由于植物吸收NO_3^-比Na^+多，Na^+残留在土壤中而使土壤溶液反应趋向碱性，又将硝酸钠称为生理碱性肥料。但因硝态氮易淋失，不宜在水生园林植物中施用，以免引起氮素流失。一般仅用作追肥。

（3）酰胺态氮肥

尿素$[CO(NH_2)_2]$含氮42%~45%，是最常见的是酰胺态氮肥，它适宜各种植物和土壤，可用作基肥、追肥，也可作种肥。但是，土壤吸收保存的能力很弱，施后遇大雨或大水漫灌，容易流失。尿素要在土壤中转化为铵态氮后，才能被植物吸收利用，所以肥效慢些，作追肥要提前3~5天施用。用尿素作根外追肥，叶面吸收很快，不易烧伤叶子，根外追肥施氮肥时都常采用它。

（4）长效氮肥

合理追施速效氮素化肥时，通常经过5~7天便可以看到幼树叶色转浓绿。也就是说，速效氮肥见效快但肥效持续的时间短。因此，人们期望能另外生产出新型化肥，它能在土壤中逐渐溶解和转化，使有效养分的释放率大体符合植物整个生长期的要求，这样既可免除多次追肥的麻烦，又能提高肥料的利用率。符合这种要求的肥料，称为长效肥料。目前长效肥料有脲甲醛、异丁叉二脲、硫衣尿素、钙镁磷肥、包膜碳酸氢铵等，其肥效持续时间长，因而常用作基肥。但由于成本高，养分释放速度很难适应多种植物和花卉的需肥特点，国外也尚未广泛应用，只在经济林木、牧草和一些观赏植物上施用。

另外还要指出2点。一是若将氮肥撒施在表土，都会转化成氨气损失，必须深施盖土，一般施于表层以下6~10cm；二是氮肥宜和其他肥料配合施用，植物生长需要多种养分，当其他养分满足时，氮肥才能充分发挥作用。

不同氮肥形态对园林植物具有不同的影响。以东方百合'索邦'为材料,设置5种不同的氮肥处理,即单施尿素、单施铵态氮肥、单施硝态氮肥、铵态氮:硝态氮(1:1)、尿素氮:硝态氮(1:1)。结果表明,单施尿素、尿素和硝态氮肥配施,以及铵态氮肥和硝态氮肥配施处理的切花期分别为100天、90天和85~86天。铵态氮肥与硝态氮肥配施处理百合株高最高,花朵数量最多,切花瓶插寿命最长,开花第7天和第14天叶片和花被片中可溶性糖和可溶性蛋白含量较高,并缓解了叶片和花被片中的丙二醛积累。硝态氮肥和铵态氮肥配施可以提高百合株高和花朵数量,缩短百合切花期,延长切花瓶插寿命,从而提高百合切花品质。而对蜡梅不同施肥(空白对照、NH_4NO_3、KNO_3、$C_2H_5NO_2$和NH_4Cl)处理表明,不同氮肥处理对蜡梅植株生长发育和土壤微生物数量及群落结构影响显著,施NH_4NO_3对盆栽西南蜡梅幼苗植株生长发育及根际土壤细菌拷贝数、多样性指数促进作用最好。因此,针对具体园林植物,要经过研究对比,选择合适的肥料种类和配比。

11.1.4 提高氮肥利用率的措施

11.1.4.1 氮肥利用率的概念

氮肥的合理施用主要是指如何提高氮肥利用率,减少氮肥损失,增加经济效益,降低环境污染。目前国内外常用以下4个参数来表征氮肥利用率:

(1) 氮肥回收利用率(REN)

REN是指当季植物从所施入的肥料氮中吸收的养分占施用肥料氮总量的百分数,即

$$REN = (U - U_0)/F \tag{11-1}$$

式中 U——施氮后植物收获时地上部的吸氮总量(kg);
U_0——未施氮时植物收获时地上部的吸氮总量(kg);
F——化肥氮的投入量(kg)。

氮肥回收利用率反映了植物对施入土壤中肥料氮的回收效率。

(2) 氮肥偏生产力($PFPN$)

$PFPN$是指投入的单位肥料氮所能生产的植物籽粒产量,即

$$PFPN = Y/F \tag{11-2}$$

式中 Y——施肥后所获得的植物产量(kg);
F——化肥氮的投入量(kg)。

(3) 氮肥农学效率(AEN)

AEN是指投入的单位肥料氮所能增加的植物籽粒产量,即

$$AEN = (Y - Y_0)/F \tag{11-3}$$

式中 Y——施氮后所获得的植物产量(kg);
Y_0——不施氮条件下所获得的植物产量(kg);
F——化肥氮的投入量(kg)。

(4) 氮肥生理利用率（PEN）

PEN是指植物地上部每吸收单位肥料中的氮所获得的籽粒产量的增加量，即

$$PEN = (Y-Y_0)/(U-U_0) \tag{11-4}$$

式中　Y——施氮后所获得的植物产量（kg）；

　　　Y_0——不施氮条件下所获得的植物产量（kg）；

　　　U——施氮后植物收获时地上部的吸氮总量（kg）；

　　　U_0——不施氮条件下植物收获时地上部的吸氮总量（kg）。

以上4个参数是从不同的角度描述植物对氮肥的利用效率，其内涵及应用对象常常不同。目前国内比较通用的表征氮肥利用率的参数是REN，国际上常用的表征农田氮肥利用率的参数是PFPN、AEN和PEN。

11.1.4.2　提高氮肥利用率的措施

综合运用多项技术有效阻控氮肥养分的损失，降低其环境影响，也是提高氮肥利用率的有效措施。

（1）推行氮肥"深施覆土"的施肥方法

将铵（氨）态氮肥、尿素及含氮复合（混）肥深施于表土层以下10~15cm，并及时覆土，肥料利用率可提高10%~15%。若撒在地表，由于土壤中水分的影响，铵态氮肥就会很快分解，容易造成氮素的挥发损失，气温越高，氨就挥发越多，损失就越大，这是表施铵态氮肥肥效低的根本原因。因此，在用铵（氨）态氮肥及尿素给干旱地区园林植物追肥时，最好刨坑或开沟深施10cm以下，既有利于尿素的转化，也有利于土壤吸附铵（氨）态氮肥，减少挥发损失。

（2）大力提倡氮肥与其他肥料的配合施用

主要包括氮肥与磷肥、钾肥、中微量营养元素肥料，以及有机肥的配合施用，尽量做到氮、磷、钾的平衡施用。氮肥与有机肥的配合具有明显地改土增产效果。园林植物对各种养分的需求是有一定比例的，平衡施肥就显得更加重要，这样做才是真正的合理施肥。应该指出的是，养分平衡是相对的，而养分不平衡是绝对的，随着氮肥用量的增加，植物对其他养分（如磷、钾、中微量元素）的需求量也随之增大，氮肥配合有机肥或其他肥料施用对提高氮肥利用率有显著效果。多种含氮复合（混）肥、专用肥能充分考虑到平衡施肥的要求，施用效果往往较好，利用率也高。

（3）不断扩大大颗粒尿素的生产与施用，普及尿素与磷酸肥料的混合施用

大颗粒尿素是尿素与甲醛的复合物。将尿素与磷酸肥料混合施入土壤能转化为尿素与磷酸肥料的复合物，能明显地延缓尿素态氮转化为铵态氮的过程，有效地减少因转化过于集中引起的氨挥发，进而减少硝化带来的损失。因此，用尿素（特别是大颗粒尿素）为氮源、用磷酸盐肥料为磷源生产的复合（混）肥都是具有提高氮肥利用率的种类。此外，氮肥分次施用，减少生长前期的施用量并将其重点施于旺盛生长期，注重水

肥综合管理技术等都是提高氮肥利用率的措施，适宜的氮肥施用时期和合理施用量是提高氮肥利用率应普遍关注的问题。

（4）施用氮肥增效剂

氮肥增效剂又称硝化抑制剂，具有减少氮素挥发，提高氮肥利用率的作用。硝化抑制剂是一种杀菌剂，能抑制土壤中亚硝化细菌的生命活动，从而抑制硝化作用，使施入土壤的铵（氨）态氮在较长时间内仍以铵的形式存在，减少硝态氮的淋失和反硝化脱氮作用。目前应用的硝化抑制剂主要有双氰胺（DCD）、3,4-二甲基吡唑磷酸盐（DMPP）等。但是氮肥增效剂在减少化肥氮施入土壤后的损失中的作用不如氮肥深施或混施，更不及粒肥深施，因此，施用硝化抑制剂要在其他措施的基础上进行。

除上述措施提高氮素利用效率外，园林植物需要注意基肥和追肥结合施用。基肥又叫底肥，多是以有机肥为主。通常采用的施肥方式是散布均匀，但是不能存在着粪底，这样的施肥时期应该在秋分前后最佳。追肥重在速效为主，因而主要是利用无机肥（如硝酸铵），确保根部进行追肥和根部外的追肥。基肥基本上选择在苗木栽植之前作为一种底肥来施用，追肥的过程基本上都是选择在植物发芽的时期或者是开花之后的时期施用氮肥，从而促使植物枝繁叶茂。在开花之前，通过选用磷、钾肥能够促使其更迅速地开花，特别是在秋分前后，可以适当追加有机肥，从而促进植物健康生长。只有注意园林植物生长发育各个阶段的特殊性，才能更好地提高氮肥利用效率。

11.2 磷素营养与磷肥

11.2.1 植物磷素营养

磷是植物生长的必需营养元素之一，是植物细胞核的重要成分，它对细胞分裂和植物各器官组织的分化发育（特别是开花结实）具有重要作用。高等植物平均含磷约0.2%，磷在植物体内主要集中在植物种子中，种子中贮备较多的磷素有利于幼苗初期的健康生长。磷对提高植物的抗病性、抗寒性和抗旱能力也有良好作用。在豆科植物的施磷试验中，磷促进了根瘤的发育，提高了根瘤菌的固氮能力，从而也间接改善了植物的氮素营养状况。磷还具有促进根系发育的作用，特别是促进侧根和细根的发育。磷对植物有着多方面的作用，所以植物缺磷所表现的症状相当复杂。低磷胁迫下，柑橘的根系总长度、总表面积、体积和平均直径都显著降低，有效吸收面积和吸收范围缩小，根系吸收能力下降，导致生长受到抑制。大多数植物缺磷时叶色暗绿，植株生长发育受阻。由于磷在植物体内的移动性很强，缺磷症状首先从下部老叶开始出现，通常叶脉间黄化，且常带紫色，特别是在叶柄上；叶早落；根系发育不良等。例如，金鱼草缺磷时，叶呈反常的深绿色，老叶的背面产生紫晕，发育受到抑制，磷素贫乏严重时，整个植株可能干枯死亡。在我国南方黏重的红壤土上培育杉、松苗时，高温季节常可看到苗木叶片出现红紫色，生长停滞，这是磷缺乏的症状。此时给土壤补充磷素很必要。香石竹缺磷时下部叶发黄，但不像缺氮那样黄化向上发展，而是上部叶片仍保持绿色，但生长停滞。

若土壤中施用过多磷肥,如水溶性磷酸盐,就会降低土壤中锌、铁、镁、锰的有效性,植物便会表现出缺锌、缺铁、缺锰等失绿症,以及营养生长期缩短,成熟期提前等症状。

植物通过根系吸收的磷素主要是水溶性的正磷酸根、磷酸氢根,特别是磷酸二氢根(重过磷酸根)。

11.2.2 土壤中的磷素

我国土壤的全磷含量(P_2O_5)一般为0.04%~0.25%,土壤中含磷量多少,受成土母质的影响最大。另外,气候条件、土壤有机质含量、土壤pH及耕作施肥也会对其有深刻影响。土壤中的全磷量是指土壤中所有形态磷素的总量,包括有效磷和迟效磷,其中大部分为迟效磷;土壤中有效磷,又称速效磷,是指能被当季植物吸收利用的磷。土壤全磷量与有效磷之间没有一定的相关性,所以土壤全磷量不能作为一般土壤磷素供应水平的确切指标。实践表明,土壤速效磷含量是衡量土壤磷素供应状况的较好指标,它在土壤诊断和耕作施肥方面具有重要意义。

11.2.2.1 土壤中磷的形态

土壤中的磷可分为无机态磷和有机态磷两大类,其中,无机态磷约占全磷量的50%~90%,其含量高低与成土母质有密切关系。一般在紫色页岩、云母片岩、石灰岩冲积物和黄土沉积物等母质上发育形成的土壤或磷矿附近的土壤,无机磷含量较高;由花岗岩、玄武岩、砂页岩、第三纪与第四纪黏土母质发育形成的土壤,无机磷的含量较低。

(1)土壤中的无机磷

①水溶性磷化合物 主要是碱金属与碱土金属的一代磷酸盐,如磷酸二氢钾(KH_2PO_4)、磷酸二氢钠(NaH_2PO_4)、磷酸氢二钾(K_2HPO_4)、磷酸氢二钠(Na_2HPO_4)、磷酸钾(K_3PO_4)、磷酸钠(Na_3PO_4)、过磷酸钙$[CaH_4(PO_4)_2]$等。在土壤溶液中,这些化合物中的磷大多以离子形态,即$H_2PO_4^-$、HPO_4^{2-}、PO_4^{3-}存在,植物可以直接吸收利用,但含量很少,一般土壤中只有几个mg/kg,甚至不到1mg/kg。

②弱酸溶性磷化合物 主要是碱土金属二代磷酸盐,如磷酸氢钙($CaHPO_4$)、磷酸氢镁($MgHPO_4$)等,溶于弱酸溶液。这类磷在中性及微酸性土壤中含量较多,它们能被植物吸收利用。水溶性磷和弱酸溶性磷统称为速效磷。

③难溶性磷化合物 是无机磷的主要存在形态。在中性和石灰性土壤中,主要有磷酸钙$[Ca_3(PO_4)_2]$、氟磷灰石$[Ca_{10}(PO_4)_6F_2]$、羟基磷灰石$[Ca_{10}(PO_4)_6(OH)_2]$等,它们的溶解度很小,植物利用困难。在酸性土壤中,主要有红磷铁矿$[FeH_2PO_4(OH)_2]$和磷铝石$[AlH_2PO_4(OH)_2]$。一般情况下,在pH小于7的土壤中,它们是植物磷素营养的重要来源。

④闭蓄态磷 又称为还原溶性磷,包括被水合氧化铁胶膜包被的各种磷酸盐,如被

铁、铝氧化物胶膜所包裹的磷酸铁和磷酸铝。它们主要存在于高度风化的强酸性与酸性土壤中，占此类土壤中无机磷的80%以上。在北方碱性土壤中仅占10%~20%。这种形态的磷很难被植物利用。

⑤吸附态磷　土壤中的黏土矿物，铁、铝氧化物主要是针铁矿[FeO(OH)]、氢氧化铝[Al(OH)$_3$]、三水铝石[Al(OH)$_3 \cdot 3H_2O$]、铁、铝有机络合物，方解石（$CaCO_3$）等物质表面，可通过库仑力、化学力及特定情况下的相互作用力吸附一部分磷离子。被吸附的磷离子部分是可逆的，作物根系能够吸收。吸附态磷是植物磷营养中最重要的形态。

（2）土壤中的有机磷

土壤有机磷含量的变幅很大，可占表土全磷的20%~80%，其含量多少与土壤有机质含量关系密切，土壤有机质含量高，土壤中有机态磷含量也相应高。土壤中有机态磷以磷脂、植素、核酸、核蛋白及其降解产物的形态存在。其中除少部分能被植物直接吸收利用外，大部分需经微生物作用，矿化分解，转化成无机态磷，才能被植物吸收利用。

11.2.2.2　土壤磷的转化

土壤中存在的各种形态的磷，都依一定条件，特别是pH和氧化还原条件的变化而发生相应的转化。如无机态磷，可由易溶态磷转化而来；而有机态磷也可分解转化成无机态磷。易溶性磷与难溶性磷也经常处于相互转化之中。下文所述即为土壤中磷的转化方向：

（1）有效磷化合物的固定

有效磷化合物在土壤中很容易被固定。

①化学固定　在中性、石灰性土壤中，水溶性及弱酸性磷酸盐与土壤中的水溶性钙镁盐、代换性钙镁及碳酸钙镁作用，很快生成磷酸二钙；磷酸二钙继续与钙镁作用，渐渐形成溶解度很小的磷酸八钙；最后又慢慢地生成稳定的磷酸十钙。

在酸性土壤中，水溶性、弱酸溶性磷酸盐与土壤中铁、铝作用，生成难溶性磷酸铁、铝沉淀。

②离子代换固定　在我国南方土壤中，无机胶体表面有较多的OH^-离子群，通过阴离子代换吸附作用，可使磷酸根离子被固定在胶体表面。

③生物固定　土壤微生物的生命活动也需要磷素营养，被微生物吸收固定在其体内的磷素只是暂时失去了有效性，待微生物死亡，通过分解，磷素仍能释放出来供植物吸收利用。

土壤pH值是影响土壤中磷酸盐形态与转化的重要因素（图11-1），在pH值较低时，土壤溶液中有较多游离的H^+，因而包含较多氢的磷酸盐离子占据主导地位。在接近中性的土壤中，HPO_4^{2-}和$H_2PO_4^-$的量几乎相等。这2种离子都很容易被植物吸收。

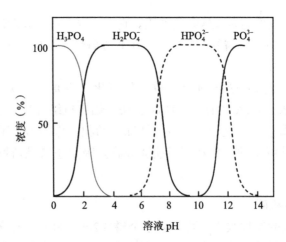

图 11-1　pH 值对 3 种磷酸盐离子相对浓度的影响（Weil & Brady, 2017）

（2）土壤中难溶性磷的释放

土壤中难溶性磷酸盐和闭蓄态磷、吸附态磷，从土壤固相向液相转移，在一定条件下可转化成有效度高的可溶性磷酸盐，供植物吸收利用。例如，石灰性土壤中难溶性磷酸钙盐，可借助植物、微生物分泌的有机酸，产生的 CO_2 及无机酸的作用，逐渐转化为有效度很高的磷酸盐，直至转化为水溶性磷酸一钙。

（3）土壤中有机态含磷化合物的矿化

土壤中的有机磷除一部分被植物直接吸收利用外，大部分需要经土壤微生物的作用进行矿化转化为无机磷后，才能被植物吸收。凡影响土壤微生物活性的因素，都影响土壤有机磷的转化速度。例如，春季土温低，植物往往有缺磷症状，待天气转暖后，土壤微生物活性提高，有机磷矿化快，缺磷现象也随之消失。除温度外，湿度、pH 值等因素也影响微生物的活性，进而影响有机磷的转化。干湿交替可以促进有机磷的矿化，施用无机磷对有机磷的矿化亦有一定的促进作用。同时，植物根系分泌物能增强青霉、曲霉、根霉、毛霉和假单胞菌、芽孢杆菌属等微生物的活性，产生更多的磷酸酶，加速有机磷的矿化，特别是菌根植物根系的磷酸酶具有较高的活性。

11.2.3　磷肥

目前，我国生产的磷肥主要有过磷酸钙、重过磷酸钙、钙镁磷肥、磷矿粉 4 种。

（1）过磷酸钙

过磷酸钙又称过磷酸石灰，简称普钙，是我国目前生产量最大、施用最广的磷肥种类，也是世界上生产最早的磷肥。其主要成分是水溶性磷酸一钙 $[Ca(H_2PO_4)_2 \cdot H_2O]$ 和难溶于水的硫酸钙（$CaSO_4$），分别占肥料质量的 30%~50% 和 40% 左右，有效磷（P_2O_5）含量为 12%~20%。此外，还含有一些杂质及少量酸，因而具有腐蚀性和吸湿性。当过磷酸钙吸湿结块后，部分水溶性磷变成难溶状态，降低了磷肥的有效性。过磷酸钙一般为灰白色粉末，属速效磷肥，可用作基肥、种肥和根外追肥。

当过磷酸钙施入土中以后，磷酸一钙就溶解于水，其中的正磷酸根离子易被土壤固定，故移动性小。施肥当年，磷肥的利用率为10%~25%，施肥量最大，后效长。中国科学院林业土壤研究所用同位素^{32}P在棕壤和褐土上进行的研究表明，如果把水溶性磷肥施在土表，当下渗水使末层全部湿透之后，仍有96%~99%的磷停留在0~30cm的表土层中。有资料表明，酸性砂土土表施的过磷酸钙只有7%被固定于土表，其余90%都被雨水淋洗到18cm以内的土层中。但也有报告说，用有机物覆盖果园土表能使表施的磷下移（徐建明，2019）。总之，磷在土壤中的移动性较差。因此，除砂土或土表有覆盖物外，施用过磷酸钙必须靠近根系附近，才能发挥良好效果。分层施磷肥是比较合理的办法，但在每层内过磷酸钙应集中施入（如条施或穴施），以减少固定。也可以把过磷酸钙与腐熟的堆肥后厩肥混合施用，这样可将肥效提高30%~40%；若预先制成颗粒肥料则肥效更好。过磷酸钙作根外追肥，可避免磷被土壤固定，又能被植物直接吸收利用，是一种应急时采用的经济有效的追肥方法。

过磷酸钙适用于侧柏、柏木、南天竹、青檀、榉树、花椒、枇杷、黄连木等需钙的园林植物。同时，它可以在红壤、黄壤、棕壤、黄潮土、黑土、褐土、紫色土、白浆土等大多数土质中施用，尤其适合我国华北、东北、西北等缺磷地区施用。过磷酸钙可用作基肥、根外追肥、叶面喷洒，能够促进植物的发芽、长根、分枝、结实及成熟。

（2）重过磷酸钙

重过磷酸钙是用磷酸分解磷矿粉制成的高效磷肥产品，其主要成分是80%左右的水溶性磷酸一钙$[Ca(H_2PO_4)_2 \cdot H_2O]$及4%~8%的游离磷酸，有效磷（$P_2O_5$）含量为40%~52%，约为普钙的3倍，因而又称为三料磷肥。它不含石膏（$CaSO_4$）等杂质。重过磷酸钙与普通过磷酸钙相似，一般为深灰色颗粒或粉末，有腐蚀性和吸湿性，但吸湿的同时不会使水溶性磷酸盐退化成难溶性磷酸盐。它的施用方法、适用的园林植物与普钙相同。

（3）钙镁磷肥

钙镁磷肥是用磷矿与含硅、镁矿石的助熔剂在高温（超过1400℃）下熔融，再经水淬急冷而形成。其成分复杂，有效磷（P_2O_5）含量为14%~19%，氧化镁10%~15%，氧化钙25%~30%，二氧化硅40%。为黑绿色或灰褐色粉末，不吸湿、不结块、无腐蚀性，长期贮存不会降低肥效。钙镁磷肥属于弱碱性磷肥，只溶于弱酸，不溶于水，施入土壤后只能靠土壤中的酸或根系与微生物分泌的酸来溶解，因而其肥效比普钙慢，是缓效肥料，只适宜用作基肥和种肥。它在酸性土壤上的肥效与过磷酸钙相当，还可以中和土壤酸性改良土壤，但在石灰性土壤上肥效较差。施用时应与土壤充分混合。钙镁磷肥最适合于对枸溶性磷吸收能力强的植物，如豆科的园林植物。

常用的还有钢渣磷肥、脱氟磷肥、沉淀磷肥、碱溶磷肥、偏磷酸钙等，其性质和施用方法与钙镁磷肥相似。

（4）磷矿粉

磷矿粉由天然或经过富集的磷矿加工粉碎而成，是一种含有较多难溶性磷酸盐和少量弱酸溶性磷酸盐的肥料。主要成分为磷酸三钙$[Ca_3(PO_4)_2]$，一般有效磷（P_2O_5）含量为10%~25%。在酸性土壤中，磷灰粉和一些结晶较差、弱酸溶性磷含量较高的磷灰石粉（如安徽凤台磷矿粉），可直接用作肥料，肥效比过磷酸钙小，且肥效慢。以等磷量计算，磷矿粉当年肥效仅为过磷酸钙的7%~63%，因而磷矿粉的后效长，次年后效常大于当年肥效。为了利于肥料中养分释放，磷矿粉有80%能通过100目筛子即为合格。它在酸性土壤上可用作基肥，在中性和碱性土上肥效很差，只有在严重缺磷的情况下，对吸磷能力强的植物有一定效果。磷矿粉也可掺入堆肥中，或与酸性或生理酸性肥料混合施用，以提高肥效。一般生长期较长的植物，特别是多年生园林植物，通常都易于利用磷矿粉。

另外，在施用磷肥时还要注意其与氮肥配合施用，以利于提高磷肥肥效。

11.3　钾素营养与钾肥

11.3.1　植物钾素营养

高等植物叶片组织正常含钾量在1%~4%。钾能加速植物对CO_2的同化，能促进碳水化合物的转移、蛋白质的合成和细胞的分裂。在这些过程中，钾具有调节或催化的作用。钾素能增强植物的抗病力，并能缓和由于氮肥过多所引起的有害作用。例如，Mandzak和Moore在1994年的一项研究中指出，甲壳虫是导致黄松死亡的主要原因，它们的活动主要集中在仅施用氮肥的区域，而在氮和钾肥都施用的区域里，没有黄松被甲壳虫侵害发生。图11-2表现了在美国蒙大拿州西部不同的施肥处理对美国黄松4年内死亡率及死亡原因的影响。钾能减少花卉植物的蒸腾作用，调节植物组织中的水分平衡，提高花卉植物的抗旱性；在严冬时节，钾肥可以促进植物体中淀粉转化为可溶性糖类，从而提高了植物的抗寒性。

钾在植物体中的分布与蛋白质的分布一致，多数分布在茎、叶部分，特别集中在植物的幼嫩组织中，钾在植物体内移动性和再利用能力很强，向着植物生命最活跃的部位

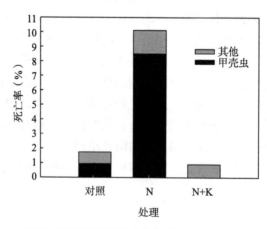

图11-2　钾肥对美国黄松的促生作用（Mandzak & Moore，1994）

靠近或向生长点的分生组织转移,如芽、根尖等处含钾量较多。植物体内的钾主要以K^+状态存在。

园林植物缺钾,其地上部首先在老叶上表现症状,通常是老叶叶尖和叶缘发黄,进而变褐,渐次皱缩枯萎,黄化部分从边缘向叶中部扩展,并在叶面上出现褐色斑点甚至斑块。症状可蔓延到幼叶,最后退绿区坏死,叶片干枯,顶芽死亡。不同植物的缺钾症状有所差异。例如,天竺葵缺钾,幼叶呈淡黄绿色,叶脉则呈深绿色,老叶的边缘及叶脉间呈灰黄色,叶脉间伴有一些黄色和棕色斑点,中部则有锈褐色圆圈,边缘以后变成黄褐色焦枯状;金鱼草缺钾,幼叶黄绿色,叶脉呈深绿色,叶缘则微染红色,较老叶的表面呈紫绿色,并沿叶缘枯腐,整个叶片上普遍出现紫斑;椰子缺钾,最初症状是在老叶上散布着浅绿色的小斑点,以后叶片变老,斑点扩大,并从黄色变成枯黄色,然后变成红棕色,从边缘、叶尖开始干枯;香石竹缺钾,下部叶的叶缘产生不规则的白斑,接着向上发展,生长衰弱;三色堇缺钾症状表现为从老叶的叶尖开始变白枯死;菊花缺钾,在生长初期,下部叶的叶缘出现轻微的黄化,先在叶缘发生,以后是叶脉间黄化,顺序很明显,在生育中、后期,中部叶附近出现和上述相同的症状,叶缘枯死,叶脉间略变褐色,叶略下垂。

另外,钾在植物体内的移动性比氮和磷都大,当钾不足时,钾从老组织转移到幼嫩部位再利用,所以缺钾症状较氮、磷表现迟,当植物外表出现缺钾症时,再补追钾肥,则为时已晚。因此,钾肥的施用宜早不宜晚。此外,在植物即将成熟时,钾的吸收显著减弱,甚至在成熟期,部分钾还会从根系分泌到土壤中,因此,后期追施钾肥效果不明显。

11.3.2 土壤中的钾素

土壤中的钾除人工施肥加入之外,完全来自含钾矿物分解释放的钾素,其含量和土壤母质的矿物组成有关。土壤母质中的含钾矿物主要有三大类:钾长石类、云母类和次生的黏土矿物类。我国土壤全钾量多在2.5%以下,并有自南向北呈逐渐增加的趋势,如华南砖红壤地区,土壤全钾量平均值一般低于0.3%,而东北黑土和内蒙古的栗钙土全钾量最高,可达2.6%。

根据土壤中钾素对植物有效性的不同,可将土壤中的钾分为以下三大类:

(1) 无效态钾

无效态钾又叫矿物态钾,是指存在于矿物中的钾,约占土壤全钾量的90%以上。含量虽多,但植物无法直接吸收利用这种形态的钾,只有经过长期的分化过程后,才能逐渐释放出来。

(2) 缓效态钾

缓效态钾包括被2:1型层状黏土矿物固定的钾和黑云母、水化云母中的钾。缓效钾约占土壤全钾量的2%以下。这类钾不能迅速被植物吸收利用,只有在一定条件下才能逐渐释放出来,被植物吸收。它通常与土壤中速效钾保持一定的平衡关系,对土壤保钾和供钾起着调节作用。

(3) 速效态钾

速效态钾包括土壤中、溶液中的钾离子和土壤胶体上所吸附的可代换性钾。它们易被植物吸收利用。速效态钾约占土壤总钾量的1%~2%，其中，代换性钾约占速效态钾的90%，水溶性钾约占10%，而且代换性钾与水溶性钾在土壤中处于同一平衡体系中，它们可以相互转化。

土壤全钾量可以反映土壤钾素潜在的供应能力，而土壤速效钾含量则是土壤钾素现实的供应指标。土壤中这三大类钾在一定条件下是可以相互转化的，如下所述。

① 矿物钾和缓效钾的释放　在自然状态下，植物生长所需的钾主要来自土壤含钾矿物的风化，其风化速度决定矿物钾本身的稳定性和环境条件，对于性质稳定的含钾长石类矿物，需在水、植物和微生物生命活动分泌的各种无机酸、有机酸的作用下，缓慢地风化，转化成高岭石，同时释放钾素。

$$K_2O \cdot Al_2O_3 \cdot 6SiO_2 + H_2O + 2H_2CO_3 \longrightarrow Al_2O_3 \cdot 2SiO_2 \cdot 2H_2O + 2KHCO_3 + 4SiO_2$$
（钾长石）　　　　　　　　　　　　（高岭石）

$$KHCO_3 \rightleftharpoons K^+ + HCO_3^-$$

以上释放出的K^+，有少量存在于土壤溶液中，部分被吸附在土壤胶粒上成为交换性钾，这2种钾均为速效钾。除此之外，还有的重新进入次生矿物晶层间，成为缓效性固定态钾。

② 钾的固定　即速效钾转化成缓效钾的过程，影响该过程的因素有4个：一是土壤胶体的性质；二是干湿度；三是冷冻和解冻；四是存在过量的石灰。

不同类型的土壤胶体，固定钾的能力差别很大。例如，2:1型黏土矿物，晶体结构中有六角形的蜂窝状孔穴，孔穴直径约2.7×10^{-10}m，这个孔穴恰好能容纳K^+进入其间，所以交换性K^+一旦落入这一孔穴内被闭蓄在里面，就会暂时失去活性，很容易固定钾，并且固定量很大。

而高岭石和其他1:1型的黏土矿物固定钾的能力很弱。我国南方酸性土中，以高岭石类黏土矿物为主，固钾量少，土壤中钾含量也少，应及时补充钾肥；北方石灰性土壤，黏土矿物以蒙脱石和水化云母为主，固钾量大，土壤中全钾量也高，所以在一定生产水平下，钾的供应并不太缺乏。

11.3.3 钾肥

我国是世界钾肥消耗的主要国家之一，约占世界总消耗量的20%，钾肥自给率低，进口依赖程度高。目前我国利用的钾资源主要有可溶性钾资源和不溶性钾资源2类，可溶性钾资源主要包括盐湖卤水、地下富钾卤水、海水钾等；不溶性钾资源主要为钾长石等含钾岩石资源。目前常用的钾肥主要有氯化钾、硫酸钾、草木灰等。

(1) 氯化钾

氯化钾（KCl）的全球储量丰富，加工工艺简便，价格低廉，是使用最广泛的钾肥，其产量约占钾肥总产量的90%以上。氯化钾含K_2O为55%~62%；白色结晶，易溶于水；含杂质时呈淡黄或淡红色；有吸湿性，久存易结块；是速效钾肥，生理酸性肥料。生产氯化钾的原料主要有各种可溶性钾盐矿，使用最多的是钾石盐和光卤石，少量来自硬盐、钾盐镁矾、海盐苦卤等。

由于氯化钾中含有氯素，不宜施给忌氯植物，如茶树等。对于耐氯能力较强的园林植物，如柽柳、银桦、悬铃木、构树、君迁子等，它适宜作为基肥和追肥。盐土施用氯化钾，会增加土壤含盐量，不宜施用。在酸性土壤中施用氯化钾应配合施用石灰和有机肥料，以防止土壤pH值迅速下降。在中性土壤上施用氯化钾也要通过增施有机肥料，提高土壤的缓冲能力，防止土壤中钙的淋失与土壤板结。在石灰性土壤中，因有大量的碳酸钙中和酸性（由于植物吸收的钾比氯多，土壤中氯含量增加，使土壤酸性增强，pH值下降），同时也不必担心钙的损失，施用氯化钾一般不会产生不良后果。

（2）硫酸钾

硫酸钾（K_2SO_4），约占世界钾肥总产量5%。硫酸钾含K_2O 48%~52%；白色结晶，易溶于水，吸湿性小。速效钾肥，生理酸性肥料。它的施用方式和对土壤的影响与氯化钾相似。硫酸钾适合用于喜钾又对氯敏感的植物。此外，一般需要硫元素较多的植物，常见的有大叶黄杨、银白杨、榆树、垂柳、白蜡、五角枫、枇杷、小叶黄杨和臭椿等落叶阔叶型园林绿化乔木，硫酸钾可作为钾肥来源。

（3）硝酸钾

纯的硝酸钾（KNO_3）呈无色透明棱柱状或白色颗粒或结晶粉末。肥料用硝酸钾（俗称火硝或土硝）含K_2O约46.6%。在空气中吸湿微小，不易板结，易溶于水，能迅速被植物吸收，可作基肥、追肥、种肥和根外追肥。硝酸钾适合作为苹果、葡萄、西瓜、甜瓜、香蕉、茄子、红薯等植物的钾肥来源。

（4）磷酸二氢钾

肥料用的磷酸二氢钾（KH_2PO_4）通常采用复分解法制成，此法是通过氯化钾和磷酸二氢钠或铵盐中发生复分解反应生成磷酸二氢钾的生产工艺。肥料用磷酸二氢钾含P_2O_5约52%，含K_2O约34%，是一种易溶于水的生理酸性肥料，广泛适用于各种植物。由于价格较高，一般作为水溶肥或叶面肥，应用于滴管、喷灌等水肥一体化系统中。喜欢磷酸二氢钾的花有月季、三角梅、茉莉花、铁线莲、长寿花、白掌、蟹爪兰、米兰等植物。

拓展阅读

不同类型园林植物磷肥施用方法

针对土壤磷有效性低、移动性差、当季利用率不足20%，易受pH、土壤通气、土壤质地和温度等影响的特性，磷肥的合理施用至关重要。因此，在实际应用时，需要根据磷肥的特性，并结合园林植物的生长管理现状，采取科学合理的施肥方法。

1. 对于园林绿篱、行道树和普通树木，建议秋冬季节和早春集中沟施，因为该阶段是园林植物根系生长最发达的时期，需磷量大。可以在树冠投影处开沟，将适量磷肥均匀撒入沟内，覆土后及时浇灌。

2. 对于园林观赏草坪、花卉等植物，需为其创造安全的越冬条件，建议在秋季补施适量磷肥，以增强植物抵抗力。

3. 对于古树名木及不能进行沟施的树木，建议混合施用有机肥和化肥，必要时可用营养液浇灌处理。

小 结

本章主要围绕植物生长必须的大量元素氮、磷、钾，重点介绍了这3种元素在植物体内的含量、参与的生理功能及不同植物养分缺乏的典型特征，同时详细介绍对应这3种元素常见的肥料品种与特性，阐明合理控制施肥量，不仅能节约成本，而且能够降低植物因施肥过量而导致的毒害作用，同时能减轻环境污染。

思考题

1. 植物根系可吸收的氮素形态有哪些？硝态氮和铵态氮的吸收机理是什么？
2. 简述氮在植物体内的重要营养功能。
3. 简述磷在植物体内的重要营养功能。
4. 简述土壤中钾素的形态。

推荐阅读书目

1. 植物营养学. 张俊伶. 中国农业大学出版社，2021.
2. 土壤学（第四版）. 徐建明. 中国农业出版社，2019.

第12章 园林土壤

城市园林景观建设可以很好地改善城市环境,甚至可以成为城市的特色。因此,越来越多的城市重视城市园林建设。城市园林建设中最具有生命力的因素便是园林植物,而土壤作为植物生长的基础,其质量直接影响着植物的生长状态。园林土壤是一种有别于自然土或农田土的特殊土壤,是园林植物赖以生存的基础,其理化性质受人为因素的影响较大,类型可分为城市绿地土壤、容器(盆栽)土壤和设施栽培土壤三大类。城市园林土壤存在有机质缺乏、板结严重等一系列问题,给园林植物的养护带来了很多问题,因此,提高和改善园林土壤质量,显得尤为重要。

12.1 城市绿地土壤

城市绿地土壤是经过人类活动的长期干扰,并在城市特殊的环境背景下发育起来的土壤。它是城市生态系统的重要组成部分,是城市园林绿化必不可少的物质条件。其质量的高低,直接影响着城市园林绿化建设和城市生态环境质量,进而对城市社会经济和人民生活产生影响。

城市绿化效果的好坏,绿化效益的高低,除设计、施工等主观因素外,很大程度取决于植物生长的环境因子。城市环境不同于农村,人口集约、输入能量大。城市的绿地土壤与农田土壤、自然土壤的生成条件有很大不同,因而形成了独特的土壤类型。与农业土壤相比，国内外对城市园林土壤的研究起步都较晚，既缺乏对城市园林土壤基本性质和形成演化规律的探讨，也缺乏对城市园林土壤基础数据的观测积累。

12.1.1　城市绿地土壤范围

根据我国的《城市绿地分类标准》（CJJ/T 85—2017），城市绿地包括被自然植被和人工植被覆盖的区块。《分类标准》将城市绿地分为了五大类，分别是公园绿地、防护绿地、广场用地、附属绿地和区域绿地。不同大类的绿地有着自己的功能划分。

12.1.2　城市绿地土壤特点

12.1.2.1　自然土壤层次紊乱

由于工业与民用建筑活动频繁，城市绿地原土层被扰动，表土经常被移走或被底土盖住。土层中常掺入因建筑房屋和修建道路而挖出的底层僵土或生土，打乱了原有土壤的自然层次。

12.1.2.2　土体中外来侵入体多且分布深

城市绿地的侵入体是指土体内有过多建筑垃圾碴砾，其成分复杂。据苏联园艺界研究结果表明，大于3mm的渣砾存在于土壤中，对木本植物生长不仅无害，反而有利。如油松、合欢、元宝枫等树木在含大量砖瓦、石块的土壤中生长良好。但若土层中含有过多砖瓦、石块，甚至成层成片分布在土层里，不仅会影响植树时的挖坑作业，也会妨碍植物扎根，影响土壤的保水、保肥性，使土温变化剧烈，不利于植物正常生长，必须清除掉。

侵入体成分大致可分为黏土砖、陶瓦、砾石、煤焦碴、石灰、沥青混凝土、粉煤灰等。现分别简要介绍如下：

①黏土砖及陶瓦　本身多孔隙，可增加土壤的通气、持水性能。

②砾石、煤焦碴　不但可增加土体内的大孔隙，还能对外界的压踏起支撑作用，避免土壤变紧实。

③石灰　一般指石灰石（$CaCO_3$），它的溶解度小，对土壤pH值不会有太大影响。

④沥青混凝土　有毒，当土壤中含量太多时最好将其清除掉。

⑤粉煤灰　含磷、钾营养元素，其质地相当于粉砂壤土，可对黏重土壤起到疏松土质作用。

12.1.2.3　市政管道等设施多

街道绿地土壤内铺设各种市政设施，如热力、煤气、排污水等管道或其他地下构筑物，这些构筑物隔断了土壤毛细管通道的整体联系，减少了树木的根系营养面积，影响树木根系伸展，对树木生长有一定妨碍作用。

12.1.2.4 土壤物理性状差

因行人践踏、不合理灌溉等，城市绿地土壤表层容重高，土壤被压踏紧实，土壤固、气、液三相相比，固相或液相相对偏高，气相偏低，土壤透气和渗入能力差，树木根系分布浅，受土壤温度变化影响大。从测定的公园绿地温度得知，由于游人践踏等，绿地原有植被破坏殆尽，赤裸的土温变化剧烈，夏天地表土温可高达35℃，影响了树木须根的生长。

12.1.2.5 土壤中有机质偏少

土壤中的有机质来源于动植物残体，而城区绿地土壤中的植物残落物，大部分被清除，很少回到土壤中。也就是说，绿地土壤中的有机质只有少量被微生物转化和被植物吸收，且没有通过外界施肥等加以补充。年复一年，致使城市绿地土壤中的有机质日益枯竭。据北京市园林科学研究院分析化验树林土壤得知，此类土壤中的有机质含量低于1%。上海园林科学研究所调查结果显示，凡保留落叶较好的封闭绿地，有机质含量能达到2%左右，而用"生土"或挖人防工事堆积的土山，有机质含量仅为0.7%。土壤中有机质含量过低，不仅使土壤缺乏养分，也会使土壤物理性质恶化。

12.1.2.6 土壤pH偏高

如果城市绿地土壤中夹杂较多石灰墙土，会增加土壤中的石灰性物质。土壤pH值偏高也与土壤含盐量有关。

根据对我国12个大中城市的城市绿地土壤调查结果显示，pH值为8.0~9.0的土壤占到所有采样土壤的70.1%，说明调查涉及的土壤普遍为碱性，部分呈强碱性。尤其是华南区域的城市，本地的自然土壤多为酸性甚至强酸性，但是在土壤的利用方式变成园林土壤之后，土壤发生了明显的碱化。以武汉市为例，研究显示武汉市自然土壤pH值多为4.3~7.15，研究调查的武汉54个项目的园林土壤pH值明显高于该地区的自然土壤（刘兴诏 等，2019）。

混凝土混杂是造成园林土壤碱化的直接原因。近年来，中国的城市建设力度不断加大，虽然城市扩张有所减缓，但是城市基建更新的强度和速度居高不下。随着旧城改造、新城建设，城市建筑垃圾大量产生，大部分土地在建设后根本无法消耗原有建筑垃圾，就选择直接堆放或填埋，作为绿化用地土壤。混凝土中的水泥在水化过程中产生的$Ca(OH)_2$，会导致土壤变成不利于植物生长的碱性环境。此外，由于大部分的园林种植土壤都有不透水的密封基底，含有盐分的雨水和灌溉水进入土壤之后，经过蒸发和植物的蒸腾作用，水分离开土壤，盐分则积聚在土壤表层，大量的K^+、Na^+等碱性离子会造成土壤的碱化。长期用矿化度高的地下水灌溉也会使土壤变碱，如在北方栽种酸性土花卉，使用由南方运来的酸性山泥，由于酸性山泥缓冲作用小，几年后山泥的pH值会升高。

12.1.3 影响城市绿地土壤质量的主要因素

城市绿地土壤质量是衡量城市环境质量及城市生态系统健康，影响城市生态系统功能发挥的一个重要指标。随着我国城市化进程的日益加快，由于不合理的人类活动的强烈干扰所引起的城市土壤质量退化，无论是在范围上还是在程度上均比自然因子的影响要严重得多，如不合理的城市土地利用造成土壤风蚀、水蚀，导致土壤结构破坏、土壤养分流失、土壤生物量减少及土壤污染（化学污染、有机污染）等现象，最终导致城市土壤生产力下降、生物多样性丧失，进而危及城市的环境质量和居民的健康。城市绿地土壤质量主要有以下几个影响因素。

12.1.3.1 高密度的人口和建筑垃圾

随着城市化进程的加快，越来越多的人口涌入城市，相应而来的是密集的建筑群和道路网，频繁的建筑活动，大规模的道路铺装，使城市绿地土壤形成土源复杂、土层扰动较多，并夹杂有大量建筑垃圾的土体。

12.1.3.2 特殊的城市气候条件

由于城市热岛效应，无论冬天还是夏天，城市温度一般都比四周郊区温度高。这种热岛效应尤以冬季夜间最为明显。以北京为例，城区冬季夜间气温平均比郊区高1℃以上。城区建筑物林立，地面粗糙度增大，风速比郊区小。城区土地植被面积小，水汽蒸发少，气温高，因此，城区相对湿度比郊区低；城区的热岛效应会使上升气流增强，大气污染微粒可作为水汽凝结核，因此，城市雨量比郊区多，如北京城区雨量比郊区多15%。

但是由于城区内环境特点与建筑方向不同，形成的小气候差异很大，如弄堂狭道风速大；高楼之间南北方向街道中午阳光暴晒，而东西方向背阴。不同气候条件也影响着土壤水分状况。

12.1.3.3 多群落的植被组成

园林植物中有乔木、灌木、花卉、草坪等。不同植物的根系深度不同。植物根系能影响土壤微生物组成和数量，从而促进或抑制某些生物化学过程。另外，植物残体的有机组成不同，其分解方式和产物也不同。一般来说，含木质素及树脂等难分解的成分较高的植物残体（如针叶树的枯枝落叶等）矿化作用比较难，而有利于腐殖化；反之，含糖及蛋白质较高的有机残体（如豆科、花卉、草坪等）则易于分解，不易形成腐殖质。

12.1.3.4 土壤盐渍化

由于过度抽取地下水等原因而导致地面下沉，地下水位抬高。如上海等地，很多地区的地下水位常在1m左右，使土壤剖面中下层处于浸渍状态，影响植被根系向下伸展，土壤常年处于嫌气环境中，很难将养分分解、释放，在近海地区，土壤含盐量高，如排水不畅，又会引起土壤盐渍化。

12.1.3.5 土壤污染物

土壤污染物的来源大致有以下几种途径：

①城市工厂排放的废气随重力作用飘落进入土壤。

②被污染的水随灌溉进入土壤，如含过量酚、汞、砷、氰、铬的工业废水，若未经净化处理就排放到土中就会造成土壤污染。

③由汽车尾气、燃煤、燃油等排放的二氧化硫、氮氧化物等气体，在空中扩散与空气中的水分结合成酸雨，其pH值小于5.6。酸雨能否使土壤酸化，取决于土壤缓冲能力的大小。一般来说，石灰性土壤不易酸化，但若酸雨落到缓冲能力小的土壤中就会增加土壤酸度。

④用岩盐融化道路上的冰雪，渗入土中会增加土壤盐分，提高土壤pH值。此外，农药、化肥、除草剂等有毒物质进入土壤中，当强度超过了土壤自净能力限度时，将会阻碍和抑制土壤微生物区系的组成和其生命活力，从而影响土壤营养物质的转化和土壤腐殖质的形成，也就影响了园林植物的生长。

12.1.4 营造良好绿地土壤的操作规范

园林绿地土壤要保证园林植物的正常成长，需要符合一定的规范要求。首先，土壤pH要符合当地栽植土土壤标准或者按照土壤pH值为5.6~8.0的范围进行选择；土壤含盐量要在0.1%~0.3%，容重在1.0~1.35g/cm^3，有机质含量不少于1.5%，粒径要小于5cm。其次，土壤孔隙度对植物生长影响也非常大，当孔隙率在30%时植物可以正常生长；当孔隙率在15%~30%时植物可以保命；当孔隙率在10%时，植物因根系扎不进去土壤而死亡。此外，土壤含氧量必须在4%以上（一般含氧量在2%~3%时植物会停止生长）。常见营造良好绿地土壤的操作规范和改良措施如下。

12.1.4.1 换土

植树时如果种植穴砾砂含量过多，栽种前可将影响施工作业的大碴石拣出，并掺入一定比例的土壤。对土壤质地过黏重，不透气、排水不良的土壤可掺入砂土，并多施厩肥、堆肥等有机肥，可改良土壤物理性质。若土层中含沥青物质太多，应全部更换成适合植物生长的土壤。如上海迪士尼乐园开园之前，将园内绿化区下面1.5m深以内全部换成符合迪士尼乐园标准的种植土，具体做法是：将原迪士尼场地收集来的地表土运回，混入有机肥、东北泥炭、黄沙、石膏等物料。上海以往在传统建设项目中只是进行局部土壤改良或树穴换土，像这样整体进行土壤改良还是首次。

12.1.4.2 保持土壤疏松，增加土壤透气性

（1）采用设置围栏等防护措施

城市绿地为避免人踩车轧，可在绿地外围设置铁栏杆、篱笆或绿篱。实践证明效果较好。如上海外滩处于闹市中心，行人多，由于绿地周围设置了栏杆和绿篱加以保护，土壤容重约为1.3g/cm^3，比较理想，说明封闭式的绿地土壤不易受人流影响，见表12-1所列。

表 12-1　上海市不同开放程度的绿地土容重（上海市园林学校，1988）　　　　g/cm³

公园名称	开放式	半开放式	封闭式
中山公园	1.50	1.38	1.24
虹口公园	1.60	1.30	1.19
静安公园	1.50	1.43	1.36

（2）改善植树带的环境

街道两侧人行道的植树带，可用草坪或其他地被植物来代替沥青、石灰等铺装，有利于土壤透气和降水下渗，增加地下水储量。

另外，也可用透气材料铺装，如用上面宽、下面窄的倒梯形水泥砖。（如上面 40cm×40cm，下面 38cm×38cm；或上面 40cm×20cm，下面 38cm×18cm）铺装后砖与砖之间不用水泥浆勾缝，下面形成三角形孔道，有利于透气。在水泥砖下面直接铺垫 10cm 厚的灰土，其配比为锯末、灰膏、沙（1:1:0.5）用来稳固砖块。除此之外，还可将打孔水泥砖、铁箅子等透气铺装设置在古树名木的周围（图12-1）。随着新型环保材料的发展，渗水砖作为围树石得到广泛应用。渗水砖（又叫透水砖），透气性好，原材料多采用水泥、沙、矿渣、粉煤灰等环保材料为主，高压成形，尺寸规格多样，其坚固耐用，质量轻，强度高，没有任何污染。

在澳大利亚，常见树木周围铺垫一层坚果核壳，不仅能承受人踩的压力，还可保墒保温，较适用于风速小的城市。

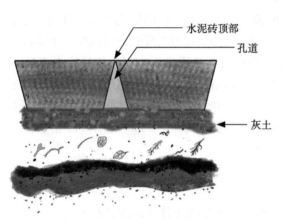

图 12-1　梯形砖铺设方法

（3）植树应按规范挖坑

树坑大小应依树龄、树高而定。一般 3m 以下乔木，应挖直径 60~80cm、深 60cm 的坑。但我国不少城市树木的定植坑过小，直径仅 30cm 左右，定植坑以外就是不透气的路面，树木根系只能生长在很狭小的空间里。另外，不要栽植过深，这对一些要求通气良好的树种生长不利。

（4）采取特殊的通气措施

公园绿地重点保护的古树名木可采取埋置树木枝条的方法。具体做法是：

①开穴　在树冠投影外边缘处开穴，每棵树开 4~8 个穴，穴长 120cm 左右，穴深 80cm 左右。开穴时应注意清除有害杂质，如遇黏重土壤应更换成砂质壤土。

②剪根　对树木的细根应当修剪，剪口平滑，以促发新的须根。

③备条　利用修下来的紫穗槐、槐等豆科树木枝条（直径 1~5cm），截成 35~40cm

的枝段，捆成直径20cm的枝束，备用。

④埋条　穴内先垫10cm的粗砂，将成捆的树条横铺一层，上面撒少量熟土，再施入有机氮、磷肥。如麻酱渣10~20kg，骨粉2kg或干鸡粪（富含磷素）20kg，均匀撒施穴内，上覆10cm熟土，再放第二层枝条。在坑内距树远的一头竖放1捆枝条，以增进地下与地表的通气效果，最后平整地表。

12.1.4.3　植物残落物归还土壤，熟化土层

土壤物质和能量交换是土壤肥力发展的根本原因。将植物残落物重新归还给土壤，通过微生物分解作用，可形成土壤养分，改善土壤物理性状。据报道，北京日坛公园附近有些油松生长得枝繁叶茂、苍翠、茁壮，原因是公园管理人员在树下挖穴，埋入大量树叶。这不仅使土壤养分增多，还使土壤变得松软，提高了土壤的保水、保肥及通气性。

为了防止林木病虫害再次滋生蔓延，最好先将枯枝落叶等残落物制成高温堆肥，用堆肥产生的高温杀死病菌和虫卵，待堆肥无害化后再施入土中。如以郑州普遍使用的城市绿化树悬铃木和加杨落叶制作的生物基质来改良绿地土壤效果显著，有效地降低了土壤容重，改善土壤结构，提高土壤的有机质含量，降低碱性土壤的pH，显著提高土壤氮、磷、钾的含量和有效性，植物根系生长环境得到改善。

12.1.4.4　改进排水设施

对地下水位高的绿地，应加强排水管理，如挖排水沟或筑台堆土，建成起伏地形以抬高树木根系的分布层。例如，北京青年湖平地上的毛白杨，因地下水位高而生长不良，但在堆土山丘上生长的树木却十分茁壮。在土壤过于黏重而易积水的土层，可挖暗井或盲沟。暗井直径100~200cm，深200cm或挖到地下的透水层相连接。暗井内填充砾石和粗砂；盲沟靠近树干的一头，以接到松土层又不伤害主根为准，另一头与暗井或附近的透水层接通，沟心填进卵石、砖头，四周填上粗砂、豆石等。

再如，广州珠江公园针对风景林区、藤本园、草坪区绿地土壤存在的建筑垃圾多、土壤偏碱、有机质和养分偏少等问题，进行垃圾杂草清除，施加酸性土壤改良剂、少量的复合肥和有益微生物菌剂，改良土壤理化性质，土壤改良后植物长势均有一定的增长。如藤本植物茎粗均值由3.6cm增加到4.0cm，叶芽萌发率由70%增加到85%；草坪草层厚度由4.5cm增加到8.3cm，覆盖度由87%增加到96%；风景林植物株高由3.0m增加到3.6m，胸径由16cm增加到21cm，冠幅由3.0m增加到3.66m，叶量由50%增加到58%。

12.2　容器土壤和基质

因受容器的限制，用于苗床和容器栽培的混合物与田间土壤相比有很大差别。在容器土壤中，通气性是主要因素。与田间土壤相比，容器土壤较浅，一般呈短柱状，装满土壤的容器如同一个实体，而且土壤在容器中比在田间要难以排水。另一个重要因素是

植物生长所必需的水分、养分,由于受容器的限制,有效体积减小,就需要频繁地浇水和施肥,这样就会使表土板结,加剧通气性的恶化。

优良的盆栽混合基质,首先要具有良好的通气条件,其次要有充足的持水量和保肥能力,选择基质材料需要考虑的主要因素见表12-2所列。

总之,作为基质的材料应该具有良好的理化性质;价廉且容易取得;质量轻,质地均匀;卫生清洁,不易感染病虫害。只有了解各种混合介质的理化性质,才能做到正确的选择和合理的使用。

表 12-2 选择基质的主要因素

经济因素	化学因素	物理因素
价 格	吸收性能CEC	通气性
有效性	营养水平	持水性能
重复利用	pH值	颗粒大小
混合难易	消毒	容重

12.2.1 容器土壤和基质物理性质

12.2.1.1 容重

容重是指单位体积物体的质量(包括孔隙),通常用g/cm^3表示。容重越大,土壤越紧密。田间土壤容重常见范围是$1.25\sim1.50g/cm^3$,这对容器土壤来说显得过大。因为容重大的土壤,一方面,不利于植物根系的发育;另一方面,容器土壤需要经常搬动,如将一只直径30cm的容器装满田间土壤,其干重为28~33kg,湿重接近40kg,从劳动力的消耗和经济角度考虑都显得太重。适合容器植物生长的土壤容重为小于$0.75g/cm^3$。生长在小盆中的低矮植物,容重可在$0.15\sim0.50g/cm^3$。观叶植物由于容易受风吹或喷水的影响,容重控制在$0.50\sim0.75g/cm^3$较好。当土壤容重过大时可以添加土壤改良介质。

12.2.1.2 孔隙

频繁下雨或浇水会使盆栽土壤表面致密,通气不良,致使植物生长量降低,有时甚至导致死亡。没有氧气,根就不能吸收水分和养分。栽培介质和大气之间没有充分的气体交换,根系释放出的CO_2会毒害植物。因此,适当灌溉有利于气体交换,可以迫使生长介质中的空气在水分排走时被新鲜空气替代。

各种观赏植物对不良通气性有不同的忍耐力。对于田间土壤,通气性孔隙至少应为3%~5%,而基质至少为5%~10%或者更多。盆栽基质,由于微生物不断分解而使其通气孔隙降低。另外,由于容器的内壁和底部水膜的存在,也会降低通气性。

土壤中毛管孔隙比非毛管孔隙多。虽然毛管孔隙有通气作用,但通常充满水,不能保证适当的通气性。因此,土壤中的非毛管孔隙必须维持在5%~30%。

一般小而浅的容器的基质比大盆需要更多的非毛管孔隙。盆壁的吸力,部分抵消重力作用的影响，使排水受到限制。

但是，过高的通气孔隙也是不可取的。由于土壤的持水量低，而引起容器土壤和基质的过快干燥。然而，添加改良介质可以改变土壤的渗水率（表12-3）。

表 12-3　1.3m 水层渗透过不同土壤混合物所需的时间（Morgan, 1996）

土壤混合物	时间（min）
砂壤	52
2/3砂壤＋1/3水藓泥炭	39
2/3砂壤＋1/3红杉木屑	2
2/3砂壤＋1/3煅烧黏土	6

12.2.1.3　持水量

持水量是指容器土壤和基质在排去重力水后所能保持的水分含量。用水分占土壤质量或体积的百分数表示。质量百分数适合于田间土壤，体积百分数是表示容器有效水含量的最好方法，因为有效水是针对受限制的容器而言的。表12-4展示了部分基质的持水量用质量百分数和用体积百分数表示的差别。

表 12-4　几种介质的持水量（Joiner, 1965）

介　质	最大持水量	
	质量分数（%）	体积分数（%）
1/2泥炭，1/2砂	51	60
1/2松树皮，1/2砂	45	51
1/2园艺蛭石，1/2砂	34	43
1/2园艺蛭石，1/2松树皮	306	86
1/2园艺蛭石，1/2泥炭	411	94
2/3松树皮，1/3珍珠岩	296	68

田间土壤持水量在质量百分数为25%时是合适的，因为植物根系生长不受限制。而对容器植物而言，根系生长受到人为的限制，因而同样范围的含水量是不够的。持水量应该占体积的20%~60%，在排水后能够有5%~30%的通气孔隙。

12.2.1.4　颗粒大小

颗粒大小（如黏粒、粉粒和砂粒）和比例决定田间土壤的孔隙度和持水量。将粒径大小不同的配料放入容器所占的体积比单独使用某种粒径所占体积之和要小。原因之一是粒径较小的配料可以填充到粒径较大的配料的孔隙中。例如，1m³的砂和1m³粗树皮混合，其结果为不到2m³基质，一是因为砂填在树皮碎屑之间的孔隙中，使其体积减小，通气性降低；二是因为混合物中的有机成分因分解而收缩。对于整个体积而言，表面部分的颗粒更为重要。因此，必须根据不同需要，选择不同的基质。

12.2.2 容器土壤和基质化学性质

12.2.2.1 碳氮比（C/N）

C/N是表示土壤和改良物质中碳和氮的相对比值。C/N越高，需氮量也就越多。植物和微生物之间有效氮的竞争，能造成氮的缺乏。因此，对高C/N的基质需补充足够的氮，以满足植物和微生物的生长需要。但C/N过高的基质，即使采用了良好的栽培技术，也不易使植物正常生长发育。因此，在配制木屑和蔗渣等有机基质的混合基质时，用量不宜超过20%，或者添加适量氮肥，堆积2~3个月后再使用。另外，大颗粒的有机基质由于其表面积小于其体积，分解速度较慢，而且其有效C/N小于细颗粒的有机基质，如粗、细锯末的C/N相差20倍之多，所以要尽可能选择粗颗粒的基质，尤其是C/N低的基质。

12.2.2.2 阳离子代换量

阳离子代换量是表示土壤或基质吸收保存养分离子，不被水分淋洗，释放养分供给植物生长的能力。通常用cmol（+）/kg干土表示。对于田间土壤，用这种表示方法是恰当的。但在基质中有机成分占较大体积，而容器的体积又有一定的限制，因此，用这种方法表示就显得不恰当了。用meq/100cm^{3}来衡量容器混合物是比较恰当的（表12-5），它为单位容器的代换量提供了基础数量。对生长在容器中的植物，要求基质的代换量在10~100meq/100cm^3。

薛泥炭通常作为基质的重要组成部分，其代换量为200~700meq/100cm^3，但是常用较低的代换量作混合材料。过高的阳离子代换量虽然可以降低营养离子的损失，但若水、肥管理不当，就会造成盐分的积累，并难以淋洗。

表 12-5　几种混合栽培基质的阳离子代换量（Jainer, 1965）

介质	阳离子代换量		
	meq/100g	meq/100cm^3	meq/15cm
1/2泥炭，1/2砂	4	4	41
1/2松树皮，1/2砂	3	3	33
1/2园艺蛭石，1/2砂	25	31	341
1/2园艺蛭石，1/2松树皮	125	35	385
1/2园艺蛭石，1/2泥炭	141	32	352
2/3松树皮，1/3珍珠岩	24	5	55

12.2.2.3 pH值

多数观赏植物土壤的pH值范围是5.5~6.5。石灰材料如白云石、碳酸钙、氢氧化钙能够使pH值增高，而细硫黄粉或其他酸性材料能够使pH值降低。加入石灰或硫黄粉的量，取决于阳离子代换量和土壤及基质的原pH值。改变砂土的pH值，比改变黏土和泥炭的pH需要的材料少（表12-6）。通常用酸性或碱性肥料也可改变pH值。

表 12-6 将土壤和基质 pH 值变到 5.7 所需改良材料的近似数量①   kg/m³

开始pH	砂 土	黏壤土	50%泥炭 50%树皮	泥 炭
加白云石或等量的钙,使pH值提高到5.7				
5.0	0.6	0.4	0.5	2.1
4.5	1.2	2.1	3.3	4.4
4.0	2.1	3.0	4.7	6.8
3.5	3.0	4.4	6.2②	9.2
加入硫黄粉或酸性混合物,使pH值降低到5.7				
7.5	0.6	0.9③	1.2	2.0
7.0	0.3	0.6	0.9	1.5
6.5	0.2	0.2	0.6	1.2

注:①如果为 10m² 苗床,15cm 深,用量加倍;如果仅 7cm 深,用量见上表。
②每立方加 6kg 以上白云石,常会引起微量元素缺乏。
③如果植物生长在酸性介质中,10m² 苗床每次硫黄粉所加的量不得超过 0.5kg。

12.2.3 基质原料及特点

容器土壤基质原料来源广泛,按基质的来源,可分为天然基质(如砂、石砾等)和合成基质(如岩棉、陶粒、泡沫塑料等);按基质的组成,可分为无机基质(如砂、蛭石、石砾、岩棉、珍珠岩等)、有机基质(如泥炭、木屑、树皮等)和化学合成基质(如泡沫塑料);按基质的性质,可分为活性基质(如泥炭、蛭石)和惰性基质(如砂、石砾、岩棉、泡沫塑料);按基质使用时的组分,可分为单一基质和复合基质等。常见如河砂、石砾、蛭石、珍珠岩、岩棉、泥炭、锯木屑、炭化稻壳(砻糠灰)、多孔陶粒、泡沫塑料等几十种。

(1)甘蔗渣

甘蔗渣多用在热带地区,具有高C/N,必须加入氮,以满足微生物迅速分解的需要。甘蔗渣有很高的持水量,在容器中分解迅速,容易造成通气和排水不良,因而很少将其用于基质中。使用时不能超过总体积的20%,并且只能用于在容器中生长不超过2个月的观叶植物。经过堆腐的甘蔗渣可用于短期植物或育苗繁殖。在观叶植物开始种植之前,甘蔗渣可作为改良剂混入田间土壤中,尤其对黏土效果更好。

(2)树皮

树皮可作土壤改良剂和基质的组成部分,可以磨碎成不同大小的碎片,大的直径可达1cm,一般细小的可作为田间土壤改良剂,粗的可作基质的组成部分。一般直径为1.5~6mm。树皮容重近似于泥炭藓,阳离子代换量较低,C/N高于泥炭。

松树皮容重为0.25g/m³,阳离子代换量为5.0~6.0cmol(+)/kg,pH 4.0~5.5,因而大多数情况下需要加石灰。新鲜松树皮的主要缺点是C/N相对较高,最初的分解速率较慢,但是通过堆腐可以解决此问题。红杉和桉树树皮有毒性成分,应该通过堆腐或淋洗降低其毒性。硬木树皮能够部分地代替泥炭,作为盆栽基质具有良好的物理性质(李秋艳 等,2015;黎书会 等,2021)。

用树皮作土壤改良时,需将5cm厚的树皮均匀混合在15~20cm深的土层中。作为基质时,以树皮用量占总体积的25%~75%为宜。观叶植物能够在100%树皮中生长,但在实践中由于通气性增强,对浇水和施肥不利。

(3) 陶粒

陶粒是一种经过煅烧的黏土,呈大小均匀的颗粒状,不致密,具有适宜的持水量和阳离子代换量,用于基质能改善通气性。陶粒无致病菌,无虫害,无杂草种子。如蒙脱石加热到近1000℃时,形成具有许多孔隙的颗粒,其容重为0.5g/m³,不易分解,可长期使用。盆栽介质虽然从体积上讲可以用100%的陶粒,但实际上一般只用占体积的10%~20%的陶粒。

(4) 珍珠岩

珍珠岩(多孔岩石)是粉碎岩加热到1000℃以上时所形成的膨胀岩石。园艺珍珠岩较轻(100kg/m³),通气良好,质地均一,不易分解,对化学和蒸汽消毒都稳定。但无营养成分,阳离子代换量较低,pH值较高(为7.0~7.5)。珍珠岩含有钠、铝和少量的可溶性氟。氟对某些观叶植物具有伤害作用,特别是在pH值较低时,用珍珠岩作繁殖介质表现比较明显,使用前必须经过2~3次淋洗。

(5) 泥炭

泥炭又称草炭、泥煤。形成于第四纪,由沼泽植物残骸在空气不足和大量水分存在条件下,经过不完全分解而成。它是一种特殊有机物。风干后呈褐色或暗褐色,为酸性或微酸性。对水及氨的吸附力很强,其吸附量为本身质量的2倍,甚至更多。有机质含量达20%~80%,但不易分解。其中,含氮量为1%~2.5%,但速效钾含量很低,仅占全氮的1%左右;含磷钾量不同地区的泥炭差别很大,一般在0.1%~0.5%。

根据泥炭的分布地势、地位、成形等不同,可将其分为低位、中位和高位泥炭。低位泥炭(又称富营养型泥炭),多发育在地势低洼处,季节性积水或常年积水,水源多为含矿物质较高的地下水,含氮和灰分元素较高,呈微酸性至中性反应,我国多为这种泥炭。中位泥炭为低位到高位的过渡类型,泥炭容重小,为0.2~0.3g/cm³,孔隙率高达77%~84%,是配制养土较理想的材料。高位泥炭(又称贫营养型泥炭),多发育在高寒地带,主要由含矿物质少的雨水补给植物,以莎草、藓类等为主,含氮和灰分元素较低,为酸性至强酸性。泥炭在我国分布面积不大,在欧美园艺上运用广泛。泥炭也是制造腐殖质酸类肥料的好材料。

(6) 稻壳

稻壳作盆栽介质,有良好的排水通气性,对pH值、可溶性盐或有效营养无影响,且抗分解,有较高的价值。稻壳在使用前通常要进行蒸煮,以杀死病原菌。但在蒸煮过程中,稻壳将释放出一定数量的锰,使用时有可能让植物中毒。另外,在使用稻壳的同时,还要施加1.0%的氮肥,以补偿高C/N所造成的氮缺乏。如果用稻壳改良大田土壤,可将2~3cm厚稻壳铺在土壤表面,然后与15~20cm厚的土层混合。用稻壳改善土壤的通气性有特效。

（7）砂

砂通常可作基质的组成成分，也可用于黏重土壤的改良。砂的容重较大，持水量和阳离子代换量较小，作为基质成分之一时，用量不能超过总体积的25%，且粒径以0.2~0.5mm为好。不同来源的砂粒可能含有不同的成分，如来自珊瑚或原始的火山砂，可能含有毒性元素；海边砂，可能含有较高的盐分，使用时须加注意。

（8）木屑

大多数木屑都有很高的C/N，在使用时需要掺入较多的氮肥。一般加氮肥的量至少应占木屑干重的1%。这种氮肥水平对幼小植物生长是必需的，但几周以后，如果氮肥水平不降低，微生物活动会受阻，有可能发生盐分过量的问题。细木屑需氮更多。木屑作为田间土壤改良剂时，一般采用不超过2cm厚的木屑与15~20cm厚的土层混合。

（9）蛭石

蛭石是水化的镁硅酸盐或黏土材料，在800~1000℃条件下加热生成的一种云母状物质。加热中水分消失，矿物膨胀相当于原来体积的20倍，所以增加了蛭石的通气孔隙。蛭石容重为100~130kg/m^3，呈中性至碱性，pH 7~9，吸水量可达500~650L/m^3。蒸气消毒后能释放出适量的钾、钙、镁。它是播种繁殖的好介质，但栽培植物后容易致密，所以最好不用作长期盆栽植物的混合介质，也不宜用作田间土壤的改良剂。

（10）岩棉

岩棉是用60%辉绿岩和20%的石灰岩的混合物，再加入20%的焦炭，在约1600℃的高温下熔化制成。熔融的物质喷成0.005mm粗的纤维，用苯酚树脂固定并加上吸水剂。容重为70kg/m^3，总孔隙为96%。

新岩棉pH较高（高于7），这是由于其含有少量的氧化钙，加入适量酸后即可降低。

岩棉团有2种类型的制品，一种能排斥水的产品称为格罗丹兰；另一种能吸水的产品称为格罗丹绿。格罗丹兰通气孔隙为95%，格罗丹绿吸水容积占95%，将两者按一定比例相混就能得到所需要的水分和空气的比例。

郁金香、风信子和藏红花在岩棉中能促成开花。将香石竹种植在岩棉中不但产量高，质量好，还能提早收获时间。将月季、菊花切花、大丁草种植在岩棉中都取得良好的效果。

在盆土中，以容积计每3份土壤加入1份格罗丹兰团块，可以获得比较良好的水分、空气状况。若盆高为5cm，应加入50%的格罗丹兰；若盆高15cm，则应加入25%的格罗丹兰。岩棉能促进乔木和灌木在黏重土壤中扎根。将占种植坑容积25%的岩棉加入坑中，就能改善种植坑的通气状况。将岩棉加入土壤20cm深的地方，不仅能改良园艺土壤，还能改善运动场和休息地草坪的生长状况。

12.2.4 容器土壤基质配制

多数观赏植物能在100%的砂、树皮、木屑、稻壳或泥炭中生长，但是这需要严格的栽培实践。基质通常是由2种以上的介质配合而成的，混合基质在物理和化学性质上比任何一种单独使用要好。例如，泥炭和砂、泥炭和木屑、泥炭和珍珠岩、木屑和稻壳等。

盆栽植物生长好坏，主要取决于盆栽介质的理化性质。表12-7、表12-8分别列出了基质理化性质的指标等级划分及常见盆栽基质理化性质。

表 12-7 基质理化性质的指标等级划分（王振龙，2014）

	容重（g/cm³）	持水量（%）	通气孔隙（%）	代换量[cmol（+）/kg]	C/N
低	<0.25	<20	<5	<10	<1:200
中	0.25~0.75	20~60	5~30	10~100	1:200~1:500
高	>0.75	>60	>30	>100	1:500

表 12-8 常见盆栽基质理化性质（王振龙，2014）

材料	容重	持水量	通气孔隙	代换量	C/N
甘蔗渣	低	高	低	中	高
树皮	低	中	中	中	高
陶粒	中	中	高	中	低
粪肥	低	中	低	高	中
垃圾	低	高	中	高	中
泥炭	低	高	高	高	中
珍珠岩	低	中	高	低	低
稻壳	低	低	高	中	中
砂	高	低	中	低	低
木屑	低	高	中	中	高
刨花	低	中	高	中	中
蛭石	低	高	中	低	低

由于花卉的种类不同，各地容易获得的材料不同，加上栽培管理方法的不同，对基质很难拟定出统一的配方，但总的趋向是降低土壤容重，增加总孔隙度、水分和空气的含量。任何材料和土壤混合，都要充分发挥该材料的作用，其用量至少等于总量的1/3~1/2。一般混合后的培养土，容重应低于1.0，孔隙应不小于10%。表12-9所列为观叶植物基质的建议标准。

表 12-9 观叶植物基质的建议标准

容重	0.30~0.75g/cm³（干），0.60~1.20g/cm³（湿）
持水量	20%~60%（体积）
通气孔隙	5%~30%（排水后总体积）
pH值	5.5~6.5
阳离子代换量	2~40meq/100g干重，10~100meq/cm³
可溶性盐	400~1000mg/L（土:水为1/2）

以浙江楠幼苗容器育苗为例，由于材料来源不同，同一种浙江楠幼苗使用的盆栽基质的混合比也存在较大的差异（表12-10）。

表 12-10　不同浙江楠幼苗基质的混合体积比（杜佩剑 等，2008）

混合基质号	泥 炭	珍珠岩	蛭 石	稻 壳	阔叶树木片
1	1		1		
2	5	3	2		
3	5	3		2	
4	5		3	2	
5	3		1		1
6	3	1			
7	3		2		
8	7	2		1	
9	7	2			1
10	8	1			

12.2.5　几种常用容器土壤基质经典配比

12.2.5.1　英国乔纳斯大学和美国加利福尼亚大学容器土壤基质配比

此2种容器土壤比较有名，为现代欧美盆花生产者所改进利用。

（1）英国乔纳斯容器土壤基质配比

①播种用　按容积比混合：壤土2份，泥炭1份，砂1份。平均1m³加1.2kg过磷酸钙，0.6kg碳酸钙，0.6kg硫酸钾。

②盆栽用　按容积比混合：壤土7份，泥炭3份，砂2份。平均1m³加1.2kg蹄角粉，1.2kg过磷酸钙，0.6kg硫酸钾，0.6kg碳酸钙。

（2）美国加利福尼亚大学容器土壤基质配比（表12-11）

表 12-11　加利福尼亚大学容器土壤基质配比

组合	容积比		用 途
	细 砂	泥 炭	
A	100	0	基本不使用
B	75	25	用于苗床
C	50	50	用于盆栽
D	25	75	用于苗床、盆栽
E	0	100	用于杜鹃花、茶花盆栽

12.2.5.2　美国康奈尔大学容器土壤基质配比

（1）需要高持水量的观叶植物

2份水藓泥炭；1份园艺蛭石，1份园艺珍珠岩。

$1m^3$混合物加4.8kg粉碎的石灰石，加1.2kg过磷酸钙，0.6kg硝酸钾，1.2kg玻璃微量元素，0.5kg硫酸亚铁和1.5kg复合肥料（14-14-14，纯$N:P_2O_5:K_2O$）。

（2）需要排水良好、并能忍受干旱的观叶植物

1份泥炭，1份园艺珍珠岩，1份树皮。

$1m^3$混合物加4.2kg粉碎的石灰石，加2.4kg过磷酸钙，0.6kg硝酸钾，1.2kg玻璃微量元素，0.3kg硫酸亚铁和1.5kg复合肥料（14-14-14，纯$N:P_2O_5:K_2O$）。

12.2.5.3　美国佛罗里达大学容器土壤基质配比

（1）为生产母本的高架苗床

①硬底苗床的混合物　1份黄沙，3份泥炭。
②金属网底苗床的混合物　3份黄沙，1份珍珠岩。

（2）繁殖苗床

①100%泥炭。
②3份泥炭，1份珍珠岩。

（3）盆栽观叶植物

要求通气性较高的观赏植物：2份泥炭，1份树皮，1份刨花；或1份泥炭，1份树皮。表12-12、表12-13所列为适合各种花卉的土壤与土壤、珍珠岩、泥炭混合物的物理性质。

表12-12　适合各种花卉的基质理化性质（Penningsfeld, 1962）

种类	容重（kg/L）	pH值	水溶性盐类（%）	三要素量（平均含量mg/100g土）		
				N	P_2O_5	K_2O
杜鹃花	0.1~0.3	4.0~4.5	0.05~0.2	10~40	10~30	30~60
石楠	0.2~0.5	3.5~4.0	0.05~0.2	10~20	10~20	10~20
香石竹	0.9~1.1	6.0~7.0	0.3~0.6	20~50	60~80	80~100
非洲菊	0.6~1.1	5.5~6.5	0.2~0.3	10~30	40~60	60~100
菊花	0.7~1.1	5.5~7.5	0.3~0.7	20~40	80~100	100~150
大岩桐	0.4~0.7	5.5~6.5	0.2~0.4	20~30	60~80	80~100

（续）

种 类	容重（kg/L）	pH值	水溶性盐类（%）	三要素量（平均含量mg/100g土）		
				N	P₂O₅	K₂O
仙客来	0.5~0.7	5.0~6.5	0.2~0.5	20~40	80~100	80~120
天竺葵	0.7~0.9	6.0~7.0	0.2~0.6	20~40	50~80	80~120
非洲紫花地丁	0.5~0.7	5.5~6.5	0.2~0.5	20~40	60~80	80~100
山 茶	0.2~0.5	4.0~6.0	0.05~0.2	20~30	20~50	40~60
西洋八仙花（青）	0.4~0.7	3.5~4.5	0.3~0.6	20~30	40~50	80~100
西洋八仙花（红）	0.4~0.7	5.5~6.5	0.3~0.6	20~40	80~100	80~100
月 季	0.9~1.1	6.0~7.0	0.1~0.4	10~30	60~80	80~150
樱 草	0.7~1.0	6.0~7.0	0.05~0.2	10~20	40~60	40~80
秋海棠	0.3~0.5	5.0~6.0	0.1~0.3	10~30	40~60	60~80
瓜子海棠	0.7~0.9	6.0~7.0	0.2~0.4	10~30	50~70	80~100
一品红	0.6~0.9	6.0~7.0	0.3~0.6	20~40	80~100	80~100

表 12-13　土壤、珍珠岩、泥炭混合物的物理性质（White，1974）

混合土（土壤-珍珠岩-泥炭）	容重（g/cm³）	总孔隙度（%）	最大持水量（%）	通气孔隙度（%）
10-0-0	1.15	57.0	43.9	13.1
9-1-0	1.15	56.9	42.0	14.9
9-0-1	1.05	60.7	43.7	17.0
8-1-1	1.03	61.3	46.0	15.3
7-3-0	1.03	61.5	41.8	19.7
7-0-3	0.93	64.9	41.0	23.9
7-1-2	0.85	67.9	45.6	22.3
7-2-1	0.90	66.4	44.9	21.5
6-1-3	0.72	72.5	44.2	28.3
6-2-2	0.82	69.2	41.2	28.0
6-3-1	0.86	67.5	43.8	23.7

（续）

混合土 （土壤-珍珠岩-泥炭）	容重 （g/cm³）	总孔隙度 （%）	最大持水量 （%）	通气孔隙度 （%）
5-5-0	0.82	69.3	4.4	26.9
5-0-5	0.69	73.4	47.6	25.8
3-7-0	0.68	73.6	39.6	34.0
3-0-7	0.48	81.1	57.3	23.8
3-6-1	0.54	78.7	39.5	39.2
3-1-6	0.45	82.5	53.3	27.2
2-7-1	0.46	82.1	38.8	43.3
2-1-7	0.38	84.7	63.9	20.8
2-6-2	0.40	84.3	42.0	42.3
2-2-6	0.36	85.8	53.8	32.0
1-9-0	0.40	84.2	40.3	43.9
1-8-1	0.31	87.6	38.1	49.0
1-7-2	0.30	87.9	45.9	42.0
1-6-3	0.29	88.3	43.2	45.1
1-3-6	0.26	89.3	55.9	33.4
1-2-7	0.27	88.6	64.0	24.6
1-1-8	0.28	88.7	64.8	23.9
1-0-9	0.22	91.1	68.6	22.5
0-10-0	0.18	92.4	36.8	55.6
0-9-1	0.17	92.7	38.7	54.0
0-7-3	0.14	93.8	43.5	50.3
0-5-5	0.14	93.4	51.5	41.9
0-3-7	0.12	93.8	52.6	11.2
0-1-9	0.18	89.4	64.6	25.2
0-0-10	0.10	94.4	63.8	30.6

固体基质栽培是无土栽培的一种主要形式，因其具有性能稳定、设备简单、投资少、技术容易掌握等优点，成为目前我国推广应用最多的一种无土栽培形式，也是我国当前园林园艺育苗中常用的技术之一。如何开发一种理化性质稳定、原料价格低廉、环境友好型和便于规模化生长的基质是当前发展基质无土栽培的关键。未来栽培基质的发展趋势是：开发性状稳定的经济环保型人工合成基质；使用方便的有机基质；开发如海绵育苗块、岩棉种植垫等人工模制基质；基质重复利用；利用工农业废弃物生产栽培基质等。

12.3 设施栽培土壤

在不适宜植物生长发育的寒冷或炎热季节，利用保温、防寒或降温、防雨设施设备，人为创造适宜的小气候环境，不受或少受自然季节的影响而进行的栽培方式称为设施栽培，是与露天栽培相对应的一种栽培方式。近年来，大型现代化的温室栽培，使得园林植物的栽培发展得到了极大提升。除了上一节提到的基质栽培外，设施保护地栽培在我国仍占很大的比重。因此，设施栽培土壤质量的好坏，也与园林植物生长发育密切相关。

12.3.1 设施土壤特性

12.3.1.1 土壤溶液盐分浓度高易造成盐渍化

设施土壤的盐分浓度高出露地很多，一般露地土壤溶液的全盐浓度在500~3000mg/mL，在保护地栽培下可达10 000mg/mL以上。而一般植物发育的适宜浓度为2000mg/mL，若在4000mg/mL以上，就会抑制植物生长。

设施大棚土壤盐分组成主要以NO_3^-、Na^+、Ca^{2+}为主。大棚主要种植反季节蔬菜、花卉等经济价值高的植物，肥料的施用量大，特别是氮肥，施入的氮肥以NO_3^--N、NO_2^--N及NH_4^+-N的形式存在，此时土壤中的铵化与硝化过程受到抑制，土壤溶液中NO_3^-、NO_2^-、NH_4^+及土壤溶液中的Cl^-、SO_4^{2-}、Ca^{2+}、Mg^{2+}等积聚较多。露地栽培时，移动性大的NO_3^-、NO_2^-、Cl^-易随雨水淋失，很难在土壤中积累。而大棚栽培时，NO_3^-、NO_2^-、Cl^-、SO_4^{2-}及相应的伴随离子NH_4^+、K^+、Na^+、Ca^{2+}、Mg^{2+}积聚于土壤中并随着地下水的向上运动逐渐向表层土壤集中，在水分的不断蒸发过程中在表层积累下来。

12.3.1.2 氮素形态变化和气体危害

由于设施土壤溶液浓度高，抑制了硝化细菌的活动，肥料中的氮素可以生成相当数量的铵和亚硝酸，但硝化作用很慢，导致铵和亚硝酸蓄积起来，逐渐变成气体。

若在露地栽培情况下，气体挥发后就扩散到空气中去了。但在设施栽培条件下（如大棚和温室内），因有玻璃、塑料膜的覆盖保温，冬季通风换气较困难，挥发出来的气体在设施内浓度达到某种程度时，就会对植物产生危害。

12.3.1.3 土壤消毒造成的毒害

在土壤中存在很多害虫、病原菌和病毒等。在设施栽培中施用大量有机肥时，微生物活动比露地栽培时要频繁得多。如果栽培单一作物，土壤传染性病害会很快传播，所以在栽培过程中，土壤消毒是必须进行的作业。一般常用的方法有化学药剂处理和蒸汽处理方法。但在消灭有害微生物的同时，将硝化菌等有益微生物也消灭了，而氨化细菌对蒸汽和药剂的抵抗力强，因而可以保存下来。由于硝化细菌的死亡，硝化作用中断。土壤消毒后产生过多的铵和有效态锰会对植物产生毒害，因此，在土壤消毒时要充分考虑以下几点：

①土壤消毒前，不要施过多的有机肥料和氮肥。
②消毒后，充分搅动土壤2~3次，使其与空气多接触。
③消毒后，宜施用硝态氮肥。
④为加速有效态锰恢复到原来状态，可在消毒土壤中加入5%未消毒土壤。

12.3.1.4 设施土壤酸化

设施栽培条件下，高温、高湿的条件使有机质分解得更快，产生更多的有机酸和腐殖酸；在高复种指数条件下，为了保证植物的质量和产量，增加肥料施用量已经成为设施栽培的重要措施，进而导致偏施或过量使用化肥，使设施土壤酸化；高蒸发和无雨水淋洗使设施土壤养分易于在土壤表层积累，造成设施土壤表层酸化更为严重。

12.3.2 设施土壤管理

12.3.2.1 控制施肥

对肥料的种类，应选择危害少的肥料，磷肥对于浓度上升的影响较小，氮肥和钾肥受浓度影响大，特别是氯化铵和氯化钾混施，可形成较高的浓度。这是因为氯化物和土壤中钙起作用，提高了土壤溶液中钙的含量，在肥料本身浓度上升的同时，土壤中不溶成分变为可溶，加剧浓度上升。适当施用碱性物质，如生石灰、石灰石粉等碱改良剂，可增强其对酸的缓冲能力；在化肥和有机肥配合使用的基础上增施有机肥，也可改善设施土壤结构，增强其对酸的缓冲能力；合理施用酸性化学肥料，大力推广有机-无机复合肥，均衡土壤养分，控制土壤酸化。

12.3.2.2 完善排灌系统

在1m宽的苗床上设置2~3排0.4~0.6m深的排水暗沟。在高温季节增加灌水量可减轻盐分的危害。

12.3.2.3 淹水与消毒处理

淹水处理，结合施用消石灰和氰氨化钙，可以使病原菌的密度进一步降低。平均每1000m²施200kg的消石灰，耕翻后淹水保持1个月以上；或每1000m²撒施300kg的防散型氰氨化钙，及时翻耕与土壤充分混合，在温室密闭1周。7月晴天室温可提高到40℃以上，土壤中的氰氨化钙可以分解成酸性氰氨钙[Ca（HCN$_2$）$_2$]和双氰氨（C$_2$N$_2$N$_2$H$_4$），具有杀菌、杀草的效果，经过1周后，温室进行换气和淹水处理。

在定植前1~1.5个月，施入截成5cm长的碎稻草，每1000m²施1~2t，同时撒氰氨化钙，将其翻进土中，达到改良土壤的物理性状，增加土壤腐殖质的目的。

拓展阅读

配生土

配生土是指人为干预制成且能满足植物健康快速生长条件的土壤。其主要特点是根据立地条件，对原土、客土、有机/无机改良材料及微生物菌剂等进行科学配置，具有较好的物理性质和较高的生物活性及环境调控能力，能够较为全面地满足植物生长发育所需的土壤条件，可以实现工厂化、规模化生产和园林绿化快速成景等。不同于传统绿化种植土，配生土在注重土壤结构、营养、安全等基础上，更加注重土壤生物活性及其提升。

配生土技术研发的目标是实现园林绿化的快速成景，这就要求配生土可以工厂化、规模化进行快速生产。近年来，我国颁布了一系列与园林绿化土壤相关的技术标准和规范，如《城市园林绿化评价标准》（GB 50858—2010）、《园林绿化工程施工及验收规范》（CJJ 82—2012）、《绿化种植土壤》（CJ/T 340—2016），以及《绿化用有机基质》（LY/T 1970—2011）、《绿化植物废弃物处置和应用技术规程》（GB/T 31755—2015）等。这些标准和规范为配生土的原材料筛选和标准化、规模化生产奠定了基础。但是也应该看到，标准所能覆盖的范围和领域还非常有限，如何实现配生土的标准化和规模化生产还有待于绿化土壤相关标准体系建设的持续深入。

随着PPP（Public-Private-Partnership）模式的推广，以及更多市政园林PPP项目的落地，园林绿化投资未来还有很大增长空间。园林绿化行业的快速发展和巨大的市场容量为配生土的发展提供了广阔的发展空间。配生土技术的研发将为城市绿化的快速发展，以及城市生态文明建设提供坚实的技术基础和保障。

小　结

本章主要围绕我国正面临快速城市化进程之中城市园林绿化面临环境污染、"垃圾围城"等诸多挑战，重点介绍园林土壤的分类与影响因素，分别从城市绿地土壤、容器（盆栽）土壤和设施栽培土壤3种园林土壤类型，阐明我们在保护传统绿地土壤、设施栽培土壤质量的同时，应从生态和低碳角度出发，研发适合不同园林植物的容器土壤和混合基质。

思考题

1. 城市绿地土壤有哪些特点？
2. 试述影响城市绿地土壤质量的因素及其改善方法。
3. 容器土壤和基质有哪些常见物理性质和化学性质？
4. 试列举几种常用基质的特点。
5. 设施土壤有哪些特性？
6. 试述如何进行设施土壤管理。

推荐阅读书目

1. 城市绿地土壤及其管理. 崔晓阳，方怀龙. 中国林业出版社，2001.
2. 上海园林绿化土壤. 方海兰，钱杰，梁晶，等. 中国林业出版社，2016.

参考文献

陈九辉,邹富安,曹红霞,2014. 不同阶段浇水对夏季树木移栽成活的作用[J]. 种业导刊,230(8): 28-29.

陈祥,谭新晏,徐福银,等,2016. 园林树木栽植土壤的3类改良技术方法探讨[J]. 河北林业科技(2): 73-75.

陈自新,李玉和,杨遂,1987. 城市地下环境对园林植物生存条件的影响[J]. 中国园林(4): 30-35.

程福英,王瑶,伍晓春,2022. 绣球花的变色机理及化学模型[J]. 化学教育,43(8): 14-20.

程素华,游振东,2015. 变质岩岩石学[M]. 北京:地质出版社.

戴维·R.蒙哥马利,2017. 泥土:文明的侵蚀[M]. 陆小璇,译. 上海:译林出版社.

邓衍明,齐香玉,陈双双,等,2019. 一种花色调控栽培容器及使用其培育一株多色绣球花的方法[P]. CN 109566158A.

杜佩剑,徐迎春,李永荣,2018. 浙江楠容器育苗基质的比较和筛选[J]. 植物资源与环境学报,17(2): 71-76.

付丹贺,2018. 园林植物浇水技术要点[J]. 乡村科技(10): 2.

郭世荣,2003. 无土栽培学[M]. 北京:中国农业出版社.

黄昌勇,2000. 土壤学[M]. 北京:中国农业出版社.

霍颖,张杰,王美超,等,2011. 梨园行间种草对土壤有机质和矿质元素变化及相互关系的影响[J]. 中国农业科学,44(7): 1415-1424.

黎书会,吴疆翀,贺思腾,等,2021. 以桉树皮为原料的有机基质育苗效果[J]. 热带作物学报,42(8): 2313-2323.

李昌年,李净红,2018. 矿物岩石学[M]. 北京:中国地质大学出版社.

李贺勤,李星月,刘奇志,等,2013. 连作障碍调控技术研究进展[J]. 北方园艺,37(23): 193-197.

李秋艳,毕君,武亚敬,等,2015. 松树皮复配基质的理化性质[J]. 林业科技开发,29(2): 28-31.

李学垣,1997. 土壤化学及实验指导[M]. 北京:中国农业出版社.

刘兴诏,黄旻,黄柳菁,2019. 中国部分大中城市居住区园林土壤碱化现状及主要成因[J]. 西北林学院学报,34(6): 202-207.

秦娟,许克福,2018. 我国城市绿地土壤质量研究综述与展望[J]. 生态科学,37(1): 200-210.

任军,郭金瑞,边秀芝,等,2009. 土壤有机碳研究进展[J]. 中国土壤与肥料(6): 1-7.

上海市园林学校,1988. 园林土壤肥料学[M]. 北京:中国林业出版社.

沈仁芳,2018. 土壤学发展历程、研究现状与展望[J]. 农学学报,8(1): 53-58.

孙向阳,2021. 土壤学[M]. 2版. 北京:中国林业出版社.

王清奎,田鹏,孙兆林,等,2020. 森林土壤有机质研究的现状与挑战[J]. 生态学杂志,39(11): 3829-3843.

王瑞新,张景略,苗富山,1983. 磷石膏对瓦碱土的性质和作物生育的影响[J]. 河南农学院学报(4): 16-20.

王振龙,2014. 无土栽培教程[M]. 2版. 北京:中国农业大学出版社.

吴泰然,何国琦,2017. 普通地质学[M]. 北京:北京大学出版社.

熊毅,李庆逵,1987. 中国土壤[M]. 2版. 北京:科学出版社.

徐恒刚,2004. 中国盐生植被及盐渍化生态治理[M]. 北京:中国农业科学技术出版社.

徐建明,2019. 土壤学[M]. 4版. 北京:中国农业出版社.

徐夕生，邱检生，2010. 火成岩岩石学[M]. 北京：科学出版社.

严过房，黄勇，罗伟聪，等，2018. 浅析园林工程种植土的特性变化及其改良措施[J]. 现代园艺（4）：77-78.

杨顺华，张甘霖，2021. 什么是地球关键带[J]. 科学，73（5）：4.

于炳松，梅冥相，2016. 沉积岩岩石学[M]. 北京：地质出版社.

于天仁，1987. 土壤化学原理[M]. 北京：科学出版社.

张东光，2016. 蚯蚓粘液脱附减阻机理和仿生沃土应用[D]. 长春：吉林大学.

张金波，黄新琦，黄涛，等，2022. 土壤学概论[M]. 北京：科学出版社.

张琴，范秀华，2014. 红松阔叶林4种凋落物分解速率及其营养动态[J]. 东北林业大学学报，42（12）：59-62.

赵凤莲，刘毓，刘红权，2015. 园林绿化废弃物堆肥对土壤肥力因子和地面植物生长影响研究[J]. 园林科技（4）：35-37.

赵珊茸，2017. 结晶学及矿物学[M]. 北京：高等教育出版社.

朱永官，李刚，张甘霖，等，2015. 土壤安全：从地球关键带到生态系统服务[J]. 地理学报，70（12）：1859-1869.

朱祖祥，1983. 土壤学（上册）[M]. 北京：中国农业出版社.

CHEN S, FENG X, LIN Q, et al., 2022. Pool complexity and molecular diversity dhaped topsoil organic matter accumulation following decadal forest restoration in a karst terrain[J]. Soil Biology and Biochemistry, 166: 108553.

GOSS R M, ULERY A L, 2013. Edaphology[M]. Las Cruces, NM, USA: Elsevier Inc..

GUO J H, LIU X J, ZHANG Y, et al., 2010. Significant acidification in major chinese croplands[J]. Science, 327（5968）: 1008-1010.

HOGBERG M N, SKYLLBERG U, HOGBERG P, et al., 2020. Does ectomycorrhiza have a universal key role in the formation of soil organic matter in boreal forests[J]. Soil Biology and Biochemistry, 140: 107635.

MANDZAK J M, MOORE J A, 1994. The role of nutrition in the health of inland western forests[J]. Journal of Sustainable Forestry, 2（1-2）: 191-210.

ORGIAZZI A, BARDGETT R D, BARRIOS E, et al., 2016. Global soil boidiversity atlas[A]. Johnson N, Scheu S, Ramirez K, et al., United Nations Environment Assembly[C]. Luxembourg:Publications Office of the European Union.

TISDALL J, ENDE B, 2021. How soil structure improves root health[J]. Goodfruit Grower, 72（8）: 44-45.

WEIL R R, BRANDY N C, 2016. The Nature and Properties of Soils[M]. 15th Edition. Harlow, England: Pearson Education Inc.

ZHANG F, WANG X, LIU H, et al., 2020. The ecological value and feasibility of composting technology for garden soil improvement[J]. Journal of Landscape Research, 12（1）: 6-8.

ZHAO M, YUAN J, SHEN Z, et al., 2019. Predominance of soil vs root effect in rhizosphere microbiota reassembly[J]. FEMS Microbiology Ecology, 95（10）: 1-11.